普通高等学校"十三五"规划教材

SolidWorks 软件入门与建模技巧

主　编　朱培勤

副主编　倪　军　吴延弘

中国铁道出版社有限公司
CHINA RAILWAY PUBLISHING HOUSE CO., LTD.

内 容 简 介

本书是三维建模技能入门与提高的 SolidWorks 教材,全书共分十章,根据学习层次分为两大部分:基础篇和提高篇。基础篇为前四章,主要内容包括 SolidWorks 软件简介、草图绘制与编辑、建模入门、建模技巧;提高篇为后六章,主要内容包括多实体建模、参数化建模、自顶向下的装配体建模、工程图使用、模板制作、钣金和焊接件。本书在每章后根据教学内容,安排了相应的技能训练。

本书通过机械设计中的一些典型机构建模,达到传授知识的目的,并按知识层次结构组织各章节内容,注重实例驱动、学以致用的设计理念。

本书适合作为高等院校机械类或近机械类相关专业、建筑装潢以及广告等专业的教材,同时也可供辅助设计相关专业的工程技术人员自学,也适合 CSWA 和 CSWP 考证培训使用。

图书在版编目(CIP)数据

SolidWorks 软件入门与建模技巧/朱培勤主编 . —北京:
中国铁道出版社,2017.6(2020.8 重印)
普通高等学校"十三五"规划教材
ISBN 978-7-113-23040-1

Ⅰ. ①S⋯ Ⅱ. ①朱⋯ Ⅲ. ①计算机辅助设计 – 应用
软件 – 高等学校 – 教材 Ⅳ. ①TP391.72

中国版本图书馆 CIP 数据核字(2017)第 115645 号

| 书 名: | **SolidWorks 软件入门与建模技巧** |
| 作 者: | 朱培勤 |

策 划:	何红艳	读者热线:(010) 83552550
责任编辑:	何红艳	
编辑助理:	绳 超	
封面设计:	刘 颖	
封面制作:	白 雪	
责任校对:	张玉华	
责任印制:	樊启鹏	

出版发行:中国铁道出版社有限公司(100054,北京市西城区右安门西街 8 号)
网　　址:http://www.tdpress.com/51eds/
印　　刷:北京虎彩文化传播有限公司
版　　次:2017 年 6 月第 1 版　　2020 年 8 月第 2 次印刷
开　　本:787 mm×1 092 mm　1/16　印张:14.5　字数:343 千
书　　号:ISBN 978-7-113-23040-1
定　　价:34.00 元

SolidWorks 软件是 SolidWorks 公司开发的三维产品。在众多的 3D CAD 软件中，SolidWorks 软件以其易学易用、建模简捷深受用户欢迎，该软件首创"专家"软件工具集（SWIFT 智能特征技术），不仅实现了基本功能和常见功能的自动化，还能检测错误，切实地解决设计问题。SolidWorks 软件是第一款基于 Windows 平台开发的三维 CAD 软件，技术创新符合 CAD 技术的发展潮流和趋势，目前是国际上最为流行的三维机械设计软件之一。在北美和欧洲，近 40% 的三维机械设计师选择 SolidWorks 作为设计工具。近两年来，国内正在快速普及该软件。在我国开展 SolidWorks 教学和认证考试的学校已经达到近百家，上海健康医学院是上海四个考证点的其中一个，CSWA（助理工程师资格）和 CSWP（专业工程师资格）已经成为机械、数控和模具专业认证考试的热点。因此，拥有 SolidWorks 认证对于学生就业和职场拓展具有很大推动作用。

本书分为两大部分：基础篇和提高篇。基础篇主要内容有：SolidWorks 软件简介、草图绘制与编辑、建模入门、建模技巧；提高篇主要内容有：多实体建模、参数化建模、自顶向下的装配体建模、工程图使用、模板制作、钣金和焊接件。基础篇是将读者引入 SolidWorks 软件的设计环境，掌握基本的零件建模方法和零件的装配，学会用 SWIFT 工具对零件特征进行有效排序，编辑和修复零件的建模错误；提高篇是让有志于三维设计的读者掌握更多的建模技巧、零件的配置、工程图的使用以及钣金和焊接件的制作，使他们能游刃有余地设计复杂产品。

为方便读者学习，书中涉及的模型素材文件，请浏览 http://www.tdpress.com/51eds/，在相应页面进行下载。

本书在章节内容的安排上先明确学习目标，再将该章节所涉及的相关命令以及这些命令的功能罗列成表，以方便读者了解该章节的学习内容，然后通过对具体实例的分析和详细讲解，使读者能跟着书中内容一步一步地进行零件建模，从而掌握各种命令，避免了手册式的枯燥介绍。书中的具体内容安排由浅入深，循序渐进，在每章后面都根据教学内容合理地安排了相应的技能训练。

本书在编写过程中吸收了大量工程技术人员学习和应用 SolidWorks 软件的经验，并结合了多位教师的教学经验和几位编写教材的工程师多年为企业培训技术骨干的经验，具有言简意赅、通俗易懂的特点。本书适合作为高等院校机械类或近机械类相关专业、建筑装潢以及广告等专业的教材，同时也可供辅助设计相关专业的工程技术人员自学，也适合 CSWA 和 CSWP 考证培训使用。

本书在编写过程中得到了单位领导和许多同志的支持和帮助，特别是上海健康医学院熊敏、孟青云老师，她们在本书的编写过程中提出了许多宝贵的建议，在此表示衷心的感谢！

　　本书由上海健康医学院朱培勤任主编，上海健康医学院倪军、上海生信科技有限公司 CSWA 和 CSWP 考证培训资深工程师吴延弘任副主编，上海生信科技有限公司 CSWA 和 CSWP 考证培训资深工程师孙毅、温晓露参与编写。其中，基础篇由朱培勤、倪军编写；提高篇由吴延弘、孙毅、温晓露编写。

　　由于编者水平有限，书中不足之处在所难免，恳请读者批评指正。

　　作者联系方式：zhupq@ sumhs. edu. cn。

编　者

2017 年 3 月

CONTENTS | # 目 录

基 础 篇

提 高 篇

绪 论

三维几何建模技术从最初的三维线框建模，到曲面建模，又到实体建模，经过了多年的发展历程。SolidWorks 公司、SolidWorks 代理商、SolidWorks 大学、SolidWorks 合作伙伴以及 Solid-Works 广大的用户组成了庞大的 SolidWorks 社区。SolidWorks 的用户遍布各行各业，从航空航天到通用机械，从电子消费品到医疗器械。

目前，参数化特征建模技术已成为三维 CAD 产品设计的主流，SolidWorks 软件是当前运行于计算机上的优秀三维机械 CAD 软件之一，它具有功能强大的参数化特征建模工具。它一改过去的制图设计——用手或 2D 计算机绘图软件完成设计，设计者必须具备一定的制图能力。

一、SolidWorks 软件的特点

（1）易于进入三维实体设计环境，设计新产品时很快进入三维境界。

（2）用人们已经熟悉的 Windows 环境，采用了快捷菜单、鼠标单击、剪切、复制和拖放等 Windows 常用的操作方法。

（3）在设计三维实体后，可方便地由三维实体自动地生成任何方向的视图、局部剖视图和剖视图等工程图样。

（4）具有功能强大的参数化特征建模技术，只要改变一个尺寸，零件就会自动更新其他相关尺寸，不必重画。

（5）基于特征的设计更符合设计人员的设计思路，更有利于发挥设计者的创造力和想象力。

（6）支持多种数据标准，如 IGES、DXF、DWG、SAT（ACSI）、STEP、STL、ASCII 等。

（7）能直接使用三维实体零件进行仿真装配，且能动态地观察可运动零部件的运动情况，动态地检查装配关系是否合理，是否有碰撞、卡死的情况出现。

（8）用 SolidWorks 设计的新产品可以放到网上，未安装 SolidWorks 的客户通过浏览器就可以观看，这样方便交流。

二、SolidWorks 软件的学习方法

（1）学习 SolidWorks 时，要注意学习方法和技巧，按照课本的步骤完成建模后，要多思考、多总结，做到举一反三。

（2）学习 SolidWorks 时，要多练习，多与同学、朋友或者教师交流，这样可以不断地提升自己的水平。遇到不懂的问题，坚决不能放弃，做到勤学好问。

（3）在学习 SolidWorks 过程中，要不断地学习与其相关的知识，只有这样才能成为一名真正的高手。

（4）仔细认真的工作态度是学好 SolidWorks 软件的基础。

SolidWorks 软件参数化设计可以对零件上的各种特征施加各种几何约束形式，各个特征的几何形状与尺寸大小用变量的方式表示，如果定义某个特征的变量发生了改变，则零件的这个特征的几何形状与尺寸大小，将随之而改变。将参数化设计应用到特征设计中去，可以大大提高工作效率。

本书着重介绍实体造型、曲面造型、多实体高级应用技术等工业设计中常用的 SolidWorks 工具。通过学习本书，读者将深刻认识 SolidWorks 在工业设计领域中的设计方法，掌握并利用 SolidWorks 软件进行产品造型设计。

在本书中有很多机械设计方面的实例，通过编者的精心编写，使读者能够快速掌握知识点和实际操作技能。同时本书将工程设计中机械设计方面的专业知识融于其中，让读者在学习中体会到 SolidWorks 软件的工程设计过程和使用技巧，以便在以后的工作中快速掌握工作技能。本书配备了学习源文件，读者通过案例讲解和实例练习轻松愉悦地学习 SolidWorks 课程，掌握机械设计的方法和技巧。

基 础 篇

　　本篇主要介绍 SolidWorks 中的草图绘制命令和编辑方法；实体建模所需的基本特征命令和编辑方法以及曲面基本特征命令；自底向上装配体的装配方法等。在学习本篇时需要理解设计意图的含义，主要体现在草图绘制时几何关系的添加，特征的关联性等；掌握基本的草图绘制命令、特征命令以及零件的装配命令，学会修复零件的建模错误等。通过具体实例的操作，可提高建模能力，从而掌握建模技巧。

第一章 SolidWorks 软件简介

SolidWorks 软件是一个基于特征、参数化、实体建模的设计工具，是功能十分强大的三维 CAD 软件。设计师使用它能快速地按照其设计思想绘制草图，尝试运用各种特征与不同尺寸，生成模型和制作详细的工程图。

学习目标

1. 掌握鼠标及键盘应用。
2. 熟悉 SolidWorks 界面。
3. 熟悉设置的一般属性。

第一节　SolidWorks 用户界面

一、SolidWorks 的初始界面

SolidWorks 软件采用 Windows 图形用户界面，易学易用且易懂。SolidWorks 应用程序包括多种用户界面工具和功能，帮助用户高效率地生成和编辑模型。它能够充分利用 Windows 的优秀界面，为设计师提供简便的工作界面。图 1-1 所示为典型的 SolidWorks 零件设计窗口。

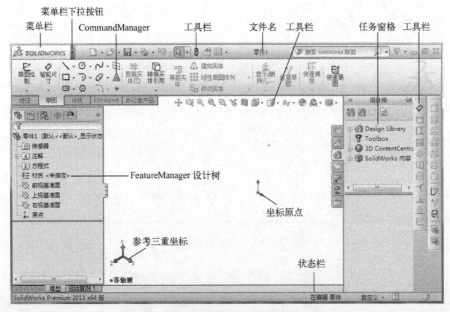

图 1-1　典型的 SolidWorks 零件设计窗口

SolidWorks 文档窗口即 SolidWorks 界面，由 6 部分组成，包括文件名、绘图区域、特征管理员区、菜单栏、状态栏和工具栏。

SolidWorks 文档窗口有两个窗格。

左窗格即管理器窗格，它首创的特征管理员（称为 Feature Manager，通常又称设计树），能够将设计过程的每一步记录下来，并形成特征管理树，放在屏幕左侧，设计师可以随时点取任意一个特征进行修改，还可以任意调节特征树的顺序，改变零件的形状。具体内容如下：

（1）FeatureManager 设计树：FeatureManager 是 SolidWorks 软件中一个独特部分，它能显示零件、装配体或工程图的结构。例如，从 FeatureManager 设计树中选择一个项目，以便编辑基础草图、编辑特征、压缩和解除压缩特征或零部件，如图 1-2 所示。

（2）PropertyManager 菜单：许多 SolidWorks 命令是通过 PropertyManager 菜单执行的，PropertyManager 菜单和 FeatureManager 设计树处于相同位置，当 PropertyManager 菜单运行时，它自动代替 FeatureManager 设计树。PropertyManager 菜单为草图、圆角特征、装配体配合等诸多功能提供设置，如图 1-3 所示。

图 1-2　FeatureManager 设计树　　　　图 1-3　PropertyManager 菜单

（3）ConfigurationManager 让用户能够在文档中生成、选择和查看零件和装配体的多种配置。配置是单个文档内的零件或装配体的变体。例如，可以使用螺栓的配置指定不同的长度和直径，如图 1-4 所示。

右侧窗格为图形区域，即作图区。此窗格用于生成和处理零件、装配体或工程图。它是进行零件设计、制作工程图、装配的主要窗口。以后提到的草图绘制、零件装配和工程图的绘制等操作均在这个区域中完成。

图 1-4　ConfigurationManager 配置

SolidWorks 可以建立 3 种不同的文件形式——零件图、工程图和装配图，针对这 3 种文件形式，它提供了对应的界面，方便用户的编辑。

二、菜单

通过菜单可以访问 SolidWorks 的许多命令。SolidWorks 菜单使用 Windows 惯例，包括子菜单、指示项目是否激活的复选标记等。当用户将光标移动到指向右侧的箭头时，菜单可见，如图 1-5 所示。单击"　图钉"图标，可以保持菜单显示。

图 1-5　SolidWorks 菜单

当一个菜单项带有一个指向右侧的箭头时，说明该菜单项带有一个子菜单，如图 1-6 所示。当一个菜单项后面带有几个点时，说明选择这个菜单项时将打开一个带有其他选项或信息的对话框。

当选择自定义菜单时，每项都出现复选框，取消选择复选框将从菜单中移出相关命令，如图 1-7 所示。

图 1-6　视图菜单　　　　图 1-7　视图菜单中的自定义菜单

三、工具栏

工具栏可以使用户快速得到最常用的命令。工具栏按功能进行组织，例如草图工具栏或装配体工具栏。每个工具栏由代表特定工具的各个图标组成，例如旋转视图、回转阵列和圆等。用户可以显示或隐藏工具栏，SolidWorks 软件可以记忆各个会话中的工具栏状态，用户也可以添加或删除工具以自定义工具栏。

用户可以根据需要自定义工具栏中的按钮、移动工具栏的位置或者重新排列工具栏，下面进行详细介绍。

1. 工具栏示例

图 1-8 所示为标准工具栏，其中的工具按钮用来对文件执行最基本的操作命令，如"新建""打开""保存""打印"等。

图 1-8　标准工具栏

2. 弹出按钮

许多工具栏被编制为一个弹出按钮，这个按钮包含了这个工具栏的所有按钮。这些弹出按钮（如 ▢▾）有一个按钮图标和一个可以选择其他类似按钮图标的下拉图标。

3. 显示工具栏

用户可以通过如下 3 种方法打开或关闭工具栏：

（1）单击菜单"工具(T)"/"自定义(C)..."命令，弹出"自定义"对话框，选择"工具栏"选项卡，选中要显示的工具栏的复选框，取消选择要隐藏的工具栏的复选框，如图 1-9 所示。

若选择"显示工具提示"复选框，将鼠标指针悬停在每个图标上方时会显示工具提示，如图 1-10 所示。

图 1-9　显示/隐藏工具栏

图 1-10　工具提示

（2）在 SolidWorks 窗口的工具栏区域中右击，在弹出的快捷菜单中，工具栏名称前按下的图标表明该工具栏已在窗口中显示，单击相应图标可得到需要的工具栏。

（3）单击菜单"视图(V)"/"工具栏(T)"命令，同样可以显示工具栏列表，如图 1-11 所示。

4. 自定义工作流程

用户可以根据所处的行业领域，在"自定义"对话框中选择"选项"选项卡，使用"工作自定义流程"选项组切换工具栏和菜单的显示状态,有多个行业可供选择,如图1-12所示。

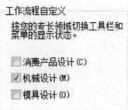

图1-11 工具栏列表   图1-12 自定义工作流程

5. 工具栏的排列

工具栏可以按多种方式排列,用户可将它们停放在SolidWorks窗口的四个边界上,或者使它们浮动在屏幕上的任意区域,方法是将光标指向工具栏上按钮之间空白的地方,然后拖动工具栏到想要的位置。退出SolidWorks时,这些位置会被记忆。

6. 自定义工具栏中的按钮

通过SolidWorks提供的自定义命令,用户可以对工具栏中的按钮进行重新安排。可以将按钮从一个工具栏移向另一个工具栏,将不用的按钮从工具栏中删除等。具体操作如下:

(1)单击菜单"工具(T)"/"自定义(C)…"命令,弹出"自定义"对话框。

(2)选择"命令"选项卡,如图1-13所示。

图1-13 自定义工具栏中的"命令"选项卡

（3）在"类别"列表框中选择要改变的工具栏，在"按钮"选项组中选择要改变的按钮，同时在"说明"方框内可以看到对该按钮的功能说明。

（4）在对话框内单击要使用的按钮图标，拖到工具栏上的新位置，从而实现重新安排工具栏上按钮的目的。如果将其拖到不同的工具栏上，就实现了将按钮从一个工具栏移到另一个工具栏的目的。

（5）如要删除按钮，只需单击要删除的按钮，将其从工具栏拖回到"自定义"对话框中相应的图标区域中即可。

（6）更改结束后，单击"确定"按钮。

四、CommandManager

CommandManager 是替代传统工具栏的一种组合式工具栏，将不同类别的工具栏以标签页的形式体现。这样可以使绘图区域最大化。

1. 调用 CommandManager

右击任何一个工具栏，在弹出的快捷菜单中选择图 1-14 中两工具栏，一般 CommandManager 出现在绘图窗口的上部。如果取消选中"使用带文本的大按钮"命令，则所有命令后都没有文字提示，图 1-15 所示为两种 CommandManager 工具栏形式。

图 1-14　勾选 CommandManager

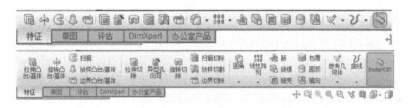

图 1-15　两种 CommandManager 工具栏形式

2. 自定义 CommandManager 标签

右击 CommandManager 上任一标签页，在图 1-16 所示菜单中可以选择所需的工具栏分类。

图 1-16　工具栏分类菜单

若单击图 1-16 中"自定义 CommandManager"命令，则可以通过单击图 1-17"新建标签"按钮，在快捷菜单中单击所需的工具栏按钮，建立新的自定义标签页。

图 1-17　自定义 CommandManager 标签页

第二节　鼠标及键盘的应用

在 SolidWorks 中，可以使用鼠标作为执行命令的一个快捷键，类似于键盘快捷键。鼠标的左键、右键和中键有完全不同的意义。

一、鼠标三键的使用

（1）左键：用于选择对象，如几何体、菜单按钮和 FeatureManager 设计树中的内容。

（2）右键：用于激活关联的快捷键菜单，显示上下相关快捷菜单。快捷键菜单列表中的内容取决于光标所处的位置，其中也包含常用的命令菜单。在快捷键菜单顶部是关联工具栏，它包含最常用的命令图标。

（3）滚轮：用于动态地旋转、平移和缩放零件或装配图；平移工程图只能在图形区域使用；在零件图和装配体的环境下，按住鼠标滚轮不放，移动鼠标就可以实现旋转；在零件图和装配体的环境下，先按住【Ctrl】键，然后按住鼠标滚轮不放，移动鼠标就可以实现平移；在工程图的环境下，按住鼠标中键，就可以实现平移；先按住【Shift】键，然后按住鼠标中键移动鼠标就可以实现缩放，如果是带滚轮的鼠标，直接转动滚轮就可以实现缩放。

二、8 种笔势自定义鼠标笔势的步骤

步骤 1：新建文件

在标准工具栏中单击"□・新建"按钮，在"新建 SolidWorks 文件"对话框中双击"零件"按钮或单击"零件"按钮，单击"确定"按钮。

步骤 2：打开自定义对话框

单击菜单"工具(T)"/"自定义(C)…"命令，弹出"自定义"对话框，选择"鼠标笔势"选项卡。

步骤 3：8 笔势选择

在"自定义"对话框的"鼠标笔势"选项卡中选择"启用鼠标笔势(E)"复选框，并选择"8 笔势"单选按钮，如图 1-18 所示。有了该选项，除了上、下、左、右笔势的命令之外，还可为零件、装配体、工程图和草图的 4 种对角笔势自定义命令。

步骤 4：鼠标 8 笔势运用

（1）鼠标 8 笔势运用到"标准"工具栏。双击"自定义"对话框"鼠标笔势"选项卡表格

类别	命令	零件	装配体	工程图	草图
其它	后视	↙	↙		
视图(V)	局部放大(Z)..	↖	↖		
其它	上下二等角轴测	↗	↗		
其它	前视	↖	↖		
其它	下视	↓	↓		
其它	上视	↑	↑		
其它	右视	→	→		
其它	左视	←	←		
文件(F)	新建(N)..				

图 1-18　8 笔势选择

中的"零件"列标题，此时，零件的 8 种笔势已映射到"标准"工具栏和"局部放大"工具栏，如图 1-19 所示。

图 1-19　鼠标 8 笔势运用到"标准"工具栏

（2）鼠标 8 笔势运用到"插入草图"命令。可以为常用的工具和命令自定义鼠标笔势，如常用"插入草图"命令，则可为该命令指派鼠标笔势。

① 单击图 1-19"命令"列标题，以将命令列表分类。

② 拖动滚动条，直到"插入草图"命令行，然后在"零件"列中选取" 右上端的对角笔"，然后在"草图"列中选取" 右上端的对角笔"，如图 1-20 上半部所示。

类别	命令	零件	装配体	工程图	草图
插入(I)	草图(K)..	↗			↗

类别	命令	零件	装配体	工程图	草图
其它	后视	↙	↙		
插入(I)	拉伸(E)..	↗			
插入(I)	草图(K)..	↗			
其它	前视	↖	↖		
其它	下视	↓	↓		
其它	上视	↑	↑		
其它	右视	→	→		
其它	左视	←	←		

图 1-20　鼠标 8 笔势运用"插入草图"命令

③ 单击"零件"列标题，直到该列下显示鼠标笔势命令为止，如图 1-20 下半部所示。

（3）鼠标 8 笔势运用到"拉伸"命令。

① 单击图 1-20 所示"命令"列标题，以将命令列表分类。

② 拖动滚动条，直到"插入/拉伸（E）"命令行，然后在"零件"列中选取" 右下端的对角笔"，如图 1-21 所示。

③ 单击"确定"按钮。

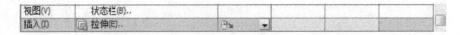

图 1-21 鼠标 8 笔势运用"插入拉伸"命令

三、8 笔势的应用

要激活鼠标笔势，在图形区域中，按照命令所对应的笔势方向以右键拖动。当用户右键拖动鼠标时，有一个指南出现，显示每个笔势方向所对应的命令。具体操作如下：

1. 绘制草图

（1）单击鼠标右键并拖动，出现图 1-22（a）所示的鼠标笔势圈（为刚才自定义的鼠标笔势），慢速右键拖动到右上对角方向，从而高亮显示"⬙插入草图"命令图标。

（2）拖动并穿越高亮显示的"插入草图"命令图标。

（3）从绘图区域单击"前视基准面"，开始绘制草图。

（4）再次单击鼠标右键并拖动，出现图 1-22（b）所示的鼠标笔势圈，往下右键拖动并穿越高亮显示的"▢矩形绘制"命令图标。

（5）在绘图窗口中单击，再移动鼠标并单击，即完成矩形绘制。

（6）再次单击鼠标右键并拖动，往下右键拖动并穿越高亮显示的"▢矩形绘制"命令图标，退出绘制矩形状态。

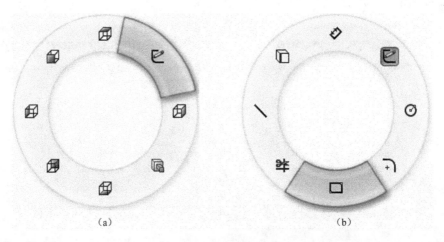

（a）　　　　　　　　　　　　　（b）

图 1-22 8 笔势的应用

2. 拉伸草图

（1）单击鼠标右键并拖动，再次穿过"⬙插入草图"命令图标，退出草图绘制。

（2）单击鼠标右键并拖动，慢速右键拖动到右下对角方向的"插入拉伸"命令。

（3）在左侧"凸台 - 拉伸"属性面板的"深度"文本框中输入"10"，单击 ✓按钮。

四、快捷键

一些菜单选项具有快捷键，例如 　重画(R)　　　Ctrl+R 。

SolidWorks 指定快捷键的方式与标准 Windows 约定一致，例如【Ctrl + N】表示"新建"、【Ctrl + O】表示"打开"、【Ctrl + S】表示"保存"等。用户还可以通过单击鼠标右键使用上下文相关快捷菜单，也可以创建自己的快捷键。

第三节　系　统　选　项

在"工具"菜单中，"选项"对话框允许用户自定义 SolidWorks 的功能，例如公司的绘图标准、个人习惯和工作环境等。

一、启用选项

单击菜单"工具(T)"/"选项(P)…"命令或单击绘图窗口上方工具栏中的"　选项"按钮，弹出图 1-23 所示的"系统选项(S) - 普通"对话框。

图 1-23　"系统选项(S) - 普通"对话框

用户可以有以下几个不同层次的设置：

1. 系统选项(S)

选择对话框中的"系统选项(S)"选项卡，该选项卡中的选项一旦被保存后，将影响所有 SolidWorks 文档，系统设置允许用户控制和自定义工作环境，打开任何一个文件，这些设置均将生效，系统选项的内容如图 1-23 所示。

2. 文档属性(D)

文档属性内容如图 1-24 所示，文档属性中的设置更改仅影响当前打开的文件，而不会改变系统默认的选项。某些设置可以被应用到每一个文件夹中。例如，单位、绘制标准和材料属性（密度）都可以随文件一起保存，并且不会因为文件在不同的系统环境中打开而发生变化。

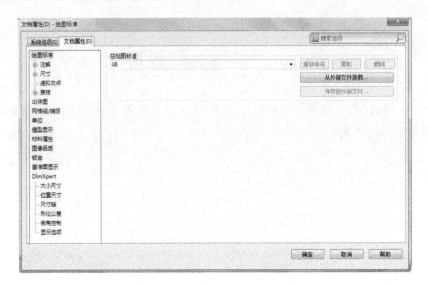

图 1-24　"文档属性(D)"选项卡

二、选项设置

1. 修改默认选项

（1）按上述方法打开"选项"对话框。

（2）选择需要修改的选项。

（3）设置完毕，单击"确定"按钮退出系统设置。

有关系统内容的设置，在后面章节中会进行介绍。

2. 建议设置

本节中使用的重要"系统选项"设置建议如下：

（1）常规：选中"输入尺寸值"和"打开文件时窗口最大化"复选框。

（2）草图：取消选中"上色时显示基准面"复选框。

（3）默认模板：选中"总是使用这些默认的文件模板"复选框。

3. 文档属性设置

在图 1-24 所示"文档属性"选项卡中列出的项目以树形格式显示在选项卡的左侧，单击其中一个项目，该项目的选项就会出现在右侧。例如，单击"尺寸"项目后，该项目的选项就会出现在右侧窗格中，如图 1-25 所示。

其中有很多常用的项目，如"添加默认括号""箭头""水平折线"等。文档属性设置的内容仅应用于当前的文件，对于新建文件，如没有特别指定文件属性，则使用模板中的文件设置。

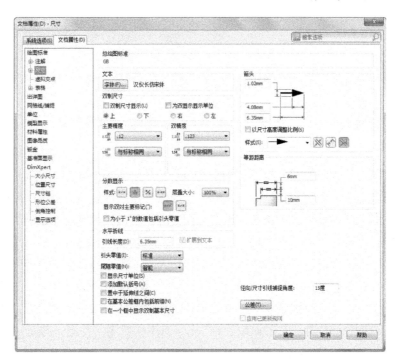

图 1-25 "文档属性(D)-尺寸"对话框

技能训练一

运用鼠标笔势退出图 1-26(a)中"插入草图"状态，进入图 1-26(b)"插入拉伸"状态。

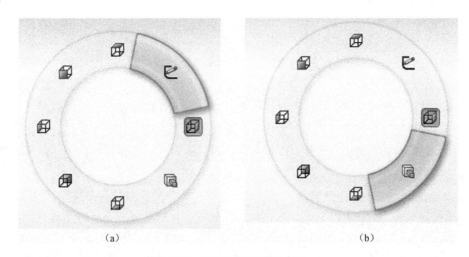

(a)   (b)

图 1-26 鼠标 8 笔势练习

第二章 草图绘制与编辑

草图绘制是三维设计的基础，SolidWorks 软件最大的优点是其具有参数化功能。用该软件设计的零件模型往往是由若干个特征组成的，而这些特征的建立是依赖于特征草图的。在零件建模完成后，如发现某些特征存在缺陷，可以针对该特征，对相应的草图作修改。因此，每位使用 SolidWorks 软件的设计者都应熟练掌握草图的绘制与编辑。在 SolidWorks 软件中，草图属于特征之一。

SolidWorks 的草图绘制分为两种：一种是二维草图，另一种是三维草图。二维草图绘制前必须先选择基准面，才能进入草图绘制状态；而三维草图绘制则无须选择基准面，直接进入草图绘制状态，所绘制的草图轮廓为空间曲线。在 SolidWorks 中，大部分特征都是建立在二维草图基础上的。

学习目标

1. 掌握基本草图绘制命令和编辑命令。
2. 掌握添加几何关系的方法。
3. 掌握智能尺寸标注方法。
4. 理解设计意图的含义。
5. 学会绘制三维草图。

第一节　设　计　意　图

由于 SolidWorks 软件具有独特的参数化功能，因此，用该软件设计的零件模型，设计者在建模之前可根据产品的使用性能、加工方法、检测手段等考虑好设计思路和设计意图。设计意图是关于模型被改变后如何表现的规划，模型创建方式决定它将被修改。以下几种因素可以帮助设计人员表现设计意图：

1. 自动添加（草图）几何关系

根据草图绘制的方式，可以加入一种强制模型修改的几何关系，如平行、垂直、水平和竖直以及已绘草图上的特殊点。

2. 方程式

方程式是用于创建尺寸之间的代数关系，它提供一种强制模型修改的外部方法。

3. 添加约束关系

创建模型时添加约束关系，这些关系提供了与相关几何体进行约束的另一种方式。这些约束关系包括同心、相切、对称、重合和共线等。

4. 尺寸标注

草图中尺寸标注方式同样可以体现设计意图。添加的尺寸某种程度上也反映了设计者打算如何修改尺寸。标注草图尺寸时，最好先标注尺寸值较小的尺寸，然后再标注尺寸值较大的尺寸。以图 2-1 为例，说明设计者的设计意图。

在图 2-1（a）所示的草图中，有两条较长的水平中心线和垂直中心线，因此水平尺寸 160 表示两水平圆的圆心位置关于竖直中心线对称，竖直尺寸 120 表示两竖直圆的圆心位置关于水平中心线对称，如果尺寸 160 改变，水平圆中心距离随之变化，但始终与中心线对称。

在图 2-1（b）所示的草图中，虽然也有两条较长的中心线，看起来水平圆的圆心位置似乎对称，但其尺寸的标注形式并不表示对称，如果左边的尺寸 80 发生变化，即左圆的圆心位置与竖直中心线距离改变，但右圆的圆心位置与竖直中心线的距离不变，因此造成左右不对称。

图 2-1（c）也表示水平圆和竖直圆与中心线不对称。

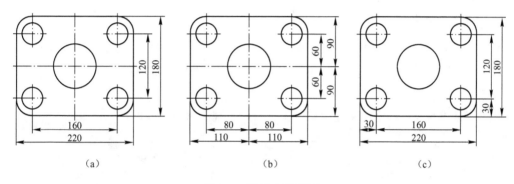

| (a) | (b) | (c) |

图 2-1　设计意图举例

第二节　草图平面

打开 SolidWorks 程序，在标准工具栏上单击"⬚新建"按钮或者单击菜单"文件(F)"/"新建(N)…"命令，弹出"新建 SolidWorks 文件"对话框，选择"⬚零件"按钮，单击"确定"按钮或双击"⬚零件"按钮。

在创建草图前，用户必须选择一个草图平面，就相当于日常生活中写字、画画就得找张纸一样。系统提供默认三个基准面，分别是"前视基准面""上视基准面""右视基准面"。每个平面都是无限大的，但为了便于操作中查看和选择，在屏幕中显示的平面是有边界的。每两个平面之间都互相垂直且都通过坐标原点。这些平面的名称也可根据用户需要重新命名。具体草图平面的设置方法有以下 3 种：

1. 参考基准面

将鼠标放置在窗口中任一工具栏中任一按钮后右击，弹出工具栏快捷菜单，如图 2-2 所示，选中"⬚草图(K)"工具，在窗口中出现"草图"工具栏，也可以选择快捷菜单中的"Command-Manager"命令，在窗口上方出现工具栏，单击其下方的"草图"

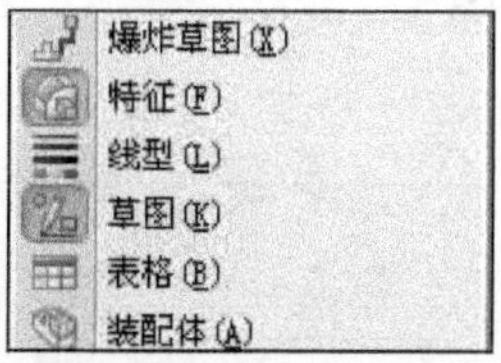

⬚	爆炸草图(X)
⬚	特征(F)
⬚	线型(L)
⬚	草图(K)
⬚	表格(B)
⬚	装配体(A)

图 2-2　工具栏快捷菜单

标签。

单击工具栏中的"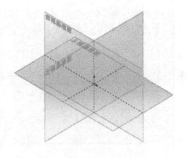草图绘制"按钮或单击菜单"插入（I）"/"草图绘制"命令打开草图。在上下等角轴测方向提供了 3 个可供选择的默认的绘图视域，如图 2-3 所示，如选中前视基准面，该平面将高亮显示并旋转到与当前屏幕重合位置，开始草图绘制。也可以先选择左侧设计树中的基准面，然后单击"草图绘制"按钮，开始草图绘制。

图 2-3　参考基准面

2. 模型中的平面

模型中任何平坦的表面（平面）都可以作为一个草图基准面来使用。选择这个平面，然后单击"草图绘制"按钮，开始草图绘制。

3. 添加参考基准面

选中"参考几何体（G）"工具，单击该工具栏中的"基准面"按钮或单击菜单"插入（I）"/"参考几何体（G）"/"基准面（P）..."命令，出现"基准面"面板，如图 2-4 所示。生成基准面的一般步骤如下：

（1）等距平面：按指定的距离生成一个平行于某基准面或表面的基准面。

（2）两面夹角：通过一条已有的边线或轴线并与一个已有的平面、基准面成指定角度生成的新基准面。

（3）点和平行面：通过一点来生成一个平行于已存在的基准面或平面的基准面。

（4）通过直线/点：通过一条直线（边线、轴线）和一点（端点、中点）所确定的平面为新的基准面。

（5）垂直于曲线：指生成通过一个点（端点、中点、型值点）且垂直于一边线、轴线或曲线的基准面。

图 2-4　"基准面"面板

（6）曲面切平面：指选取一个曲面和曲面的一条边线或指定一点（由草图投影到曲面的点或草图点、曲线或实体的端点）来产生一个与曲面相切或相交成一定角度的基准面。

第三节　基本草图及草图绘制规则

在 SolidWorks 软件中，把二维外形轮廓称为草图。草图建立于模型中的平面和平坦表面上。尽管可以独立存在，但它一般用作凸台和切除的基础。

打开 SolidWorks 软件，单击"新建"按钮，选择"零件"按钮，单击"确定"按钮，进入 SolidWorks 草图绘制界面。

一、草图绘制

SolidWorks 软件提供了各种草图绘制工具。草图绘制工具分直接绘制工具和间接绘制工具，直接绘制工具是指执行绘图命令后，在指定基准面上绘制各种新图元；间接绘制工具是指以已有的某些图元为基础生成新图元。

1. 直接绘制工具

这类工具包括：绘制直线、圆弧、圆、矩形、平行四边形、正多边形、圆角、椭圆、抛物线、不规则曲线、加插文字等多种绘图工具。

2. 间接绘制工具

这类工具包括：剪裁、镜向、延伸、圆角、倒角、转换实体引用、等距实体、交叉曲线、线性草图排列和复制、圆周草图排列和复制、中心线等工具。常用草图绘制命令及其基本功能如表 2-1 所示。

表 2-1　常用草图绘制命令及其基本功能

草图绘制命令及按钮		基 本 功 能	补 充 说 明
直接绘制工具	直线(L)	已知起点、终点画直线	
	边角矩形	已知对角线上两点画矩形，边角矩形	
	中心矩形	从矩形中心点画矩形	
	直槽口	已知直槽口两端的中心绘制直槽口	
	中心点直槽口	绘制中心点直槽口	
	三点圆弧槽口	利用圆弧上三点绘制圆弧槽口	
	中心点圆弧槽口(I)	利用圆弧的圆心/起点/终点绘制圆弧槽口	
	正多边形	已知正多边形的中心点和边数画图	
	中心圆(R)	选择圆心然后拖动来设置其半径	
	周边圆	选择不在一条直线上的三个点，这三个点都在圆的周边上	
	圆心/起/终点画弧(T)	绘制中心点圆弧，设定中心点，拖动来放置圆弧起点，然后设定其长度和方向	
	切线圆弧	绘制与草图实体相切的圆弧，选择草图实体的端点，然后拖动来生成切线弧	
	三点圆弧(T)	绘制三点圆弧，选择起点和终点，然后拖动圆弧来设定半径或反转圆弧	
	样条曲线	绘制样条曲线，单击来添加形成曲线的样条曲线点	
	抛物线	绘制一抛物线，放置焦点，拖动来放大抛物线，然后单击并拖动来定义曲线范围	
	椭圆(L)	绘制一完整椭圆，选择椭圆中心，然后拖动来设定主轴和次轴	
	椭圆弧(P)	绘制一部分椭圆，选择椭圆中心，拖动来定义轴，然后定义椭圆的范围	
	点(O)	直接在窗口绘制点	
	中心线(N)	绘制中心线，使用中心线生成对称草图实体、旋转特征或作为构造几何线	作定位线和对称中心线等

续表

草图命令及按钮		基本功能	补充说明
间接绘制工具	圆角	在交叉点切圆两个草图实体之角，从而生成切线弧	
	倒角	在两个草图实体的交叉点添加一倒角	
	等距实体	通过以一指定距离等距面、边线、曲线或草图实体来添加草图实体	
	剪裁实体（T）	剪裁或延伸一草图实体至与之相交的另一实体为止，或删除一草图实体	
	延伸实体	延伸草图实体至与另一草图实体相交	
	构造几何线	在构造几何体和正常草图几何体之间切换草图实体	
	镜向实体	沿中心线镜向所选实体	
	动态镜向实体	沿中心线动态镜向实体	
	转换实体引用	将模型上所选边线或草图实体转换为草图实体	
	交叉曲线	沿基准面、实体及曲面实体的交叉点生成一草图曲线	
	线性草图阵列	添加草图实体的线性阵列	
	圆周草图阵列	添加草图实体的圆周阵列	
	添加几何关系	控制带约束（如同轴心或竖直）的实体的大小或位置	
	显示/删除几何关系	显示或删除几何关系	
	智能尺寸	为一个或多个所选实体生成尺寸	

在绘制草图时，可以单击"草图"工具栏中的按钮，也可以单击图 2-5 所示的"Command-Manager"中的"草图"标签，选择其中的工具即可。

图 2-5　CommandManager 草图工具

二、草图绘制实例

【实例 2-1】用画直线、圆、圆弧命令以及添加几何关系绘制图 2-6 所示图形。

分析：图 2-6 所示图形为左右对称，且图中多条线段相切，该图形绘制方法有多种。

操作步骤

绘图方法一：

步骤 1：进入草图绘制状态

打开 SolidWorks 软件，单击"草图绘制"按钮，在绘图区域中单击"前视基准面"，或单击左侧设计树中的"前视基准面"，在快捷菜单中，单击"草图绘制"按钮，进入草图绘制状态。

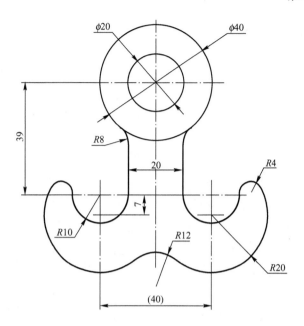

图2-6 绘制草图实例一

步骤2：绘制圆

单击"⊚绘制圆"按钮，以坐标原点为中心，绘制两个同心圆，单击"◈智能尺寸"按钮，鼠标左键分别选取两圆周向外拖并在屏幕上单击，出现图2-7所示"修改"对话框，分别将尺寸改为"20"和"40"，自动标注两圆的直径。

步骤3：绘制直线

单击"◣绘制直线"按钮，由上向下绘制右边竖线，直线起点在大圆的下方。

步骤4：绘制切线弧

单击"⬚切线弧"按钮，先单击直线下端点，按图样绘制若干个圆弧，最后绘制左边直线，其终端在大圆下方；再单击"⬚切线弧"按钮，将两条直线与大圆连接，圆弧的起点在直线端，终点在大圆圆周上，当鼠标在圆周上时，其光标为"✎"形状，表示将要绘制图元上的端点与圆周重合，单击圆周，使用同样的方法绘制右边直线上端的圆弧。

步骤5：绘制中心线

单击"▮中心线"按钮，过坐标原点向下画中心线。

步骤6：添加几何关系

单击"▦添加几何关系"按钮（如窗口内无此工具，可按前面打开工具条的方法，打开"➤尺寸/几何关系（R）"），在图2-8"添加几何关系"属性面板中，激活"所选实体"方框（呈蓝色），分

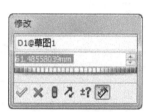

图2-7 "修改"对话框

图2-8 "添加几何关系"
属性面板

别选中左、右直线和中间的中心线，在"添加几何关系"选项中，单击"☑对称(S)"选项，此时，在"现有几何关系"方框中，出现"对称0"。其余左右两边相应线条都添加对称关系，选中半径为"R10"和"R4"两圆的圆心，单击"—水平(H)"选项，添加水平关系。

步骤7：标注尺寸

单击"☑智能尺寸"按钮，按图示标注各尺寸。此时窗口中的图形线条为黑色，表示各图线完全定义。

绘图方法二：步骤1～步骤5基本相同，但只画右半部分，并按图示添加各种几何关系，然后选中右半部分和中心线，单击"☑镜像实体"按钮，左边复制了与右边相同，且对称的图形。

绘图方法三：步骤1、步骤2基本相同，然后绘制中心线，单击"☑动态镜像实体"按钮，出现图2-9所示的"镜向"信息框，单击作为对称线的中心线，开始在左边或右边绘制图元，相应的图元实体在另一边出现，对称图元作图完成，再次单击"☑动态镜像实体"按钮，退出镜向实体绘制。

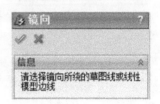

图2-9 "镜向"信息框

注意： φ20、φ40圆不要选中，因为它们不需要复制。

【实例2-2】 用画直线、圆、圆弧、添加几何关系以及尺寸标注绘制图2-10所示图形。

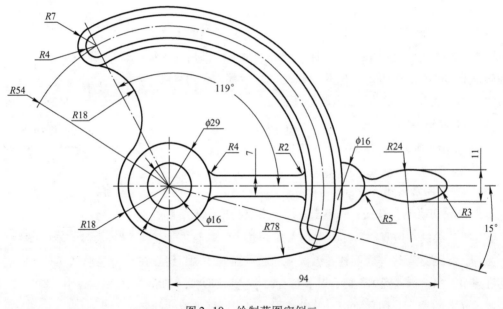

图2-10 绘制草图实例二

分析： 图2-10所示图形中间水平部分为上下对称，其他线条均为圆弧，且都相切。

操作步骤

步骤1：进入草图绘制状态

单击左侧设计树中的"前视基准面"，再单击"☑草图绘制"按钮，进入草图绘制状态。

步骤2：绘制中心线

单击"┆中心线(N)"按钮，过坐标原点向右绘制一条水平中心线，如图2-11所示。

步骤3：绘制同心圆

按图2-11所示尺寸，在坐标原点绘制两同心圆，直径分别为"29"和"16"，标注尺寸。

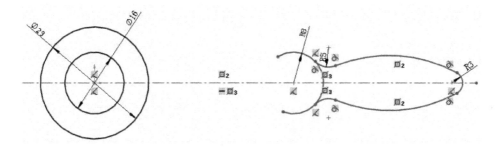

图2-11　绘制若干圆弧

步骤4：绘制圆弧

单击"⟲圆心/起/终点画弧（T）"按钮，在两圆的右侧绘制一半径为"8"的圆弧，圆心在中心线上，再单击"⌒三点圆弧（T）"按钮，绘制半径为"5"的圆弧，起点在半径为"8"的圆弧上，然后单击"⟳切线弧（T）"按钮，在所画圆弧终端绘制切线弧，重复该命令绘制如图2-11所示若干条切线弧，最后终点仍在半径为"8"的圆弧上，该部分线条均与水平中心线对称，因此需添加"对称""相切""重合"等几何关系，结果如图2-11所示。

步骤5：标注圆弧尺寸

标注各圆弧的半径，两圆弧距离"11"，该尺寸的标注方法为，鼠标选取上下两圆弧，此时所显示的尺寸为两圆弧的中心距离，如图2-12所示，鼠标单击图2-13所示的"尺寸"属性对话框，单击"引线"标签，在"圆弧条件"中第一圆弧条件和第二圆弧条件均选"最小"，然后再修改尺寸为"11"，此时图形可能会失真，可适当地拖动。

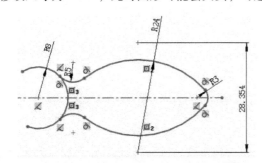

图2-12　两圆弧最大最小距离标注

图2-13　尺寸标注属性面板

步骤6：绘制圆弧槽口

单击"⌖中心点圆弧槽口（I）"按钮，按图2-14所示绘制圆弧槽口，先单击坐标原点，再依次单击原点右下方和原点左上方，拖动鼠标，形成一腰形槽，为了方便尺寸标注，用中心线分别连接两端圆心与坐标原点，然后标注各圆弧的半径，标注角度15°时，鼠标应同时选取形成夹角的两条直线。

步骤7：圆弧槽口尺寸标注

先标注右端半径为3的圆弧与坐标原点的距离"94"，然后分别拖动半径为"8"的圆弧两端点和中心，使它们与腰形槽外侧圆弧重合（添加几何关系也可），此时所有线条呈现黑色，即图线完全定义（所有线条不能拖动，均被固定）。

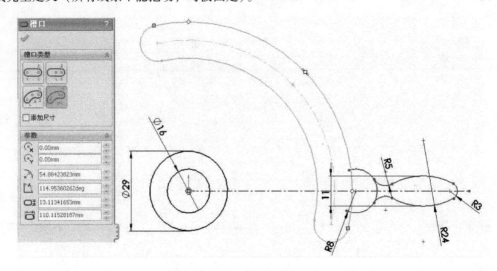

图 2-14　中心点圆弧槽口绘制

步骤 8：等距实体

单击"⤵等距实体"按钮，在等距实体对话框的参数栏中输入"3"，选取腰形槽，观察预览线条所在的位置，如方位不符，可选择"反向"。

步骤 9：绘制三点圆弧

单击"⌒三点圆弧"按钮，绘制半径为"18"的圆弧，起点在腰形槽上，再单击"⌒圆心/起/终点画弧(T)"按钮，圆心在坐标原点上，起点连接半径为"18"圆弧端点，最后画切线弧，起点与刚绘制圆弧终点重合，终点在腰形槽下端，添加相切几何条件。

步骤 10：动态镜像实体

单击"◭动态镜像实体"按钮，选中过坐标原点的水平中心线，单击"⌒三点圆弧"按钮，绘制半径为"4"的圆弧，起点在直径为"29"的圆周上，接着在所画圆弧终端绘制水平直线，然后绘制半径为"2"的圆弧，终点在腰形槽内侧弧上，添加几何关系，两圆弧分别与圆和直线相切，标注尺寸，完成全图的绘制。

注意：

（1）在标注两圆圆周距离时，鼠标必须点选两圆的圆周，系统默认的是两圆圆心距离，如图 2-15 所示"35"，然后在"尺寸"属性对话框中，单击"引线"标签，在"圆弧条件"中分别根据实际情况，将该尺寸调整为最小（最大）。

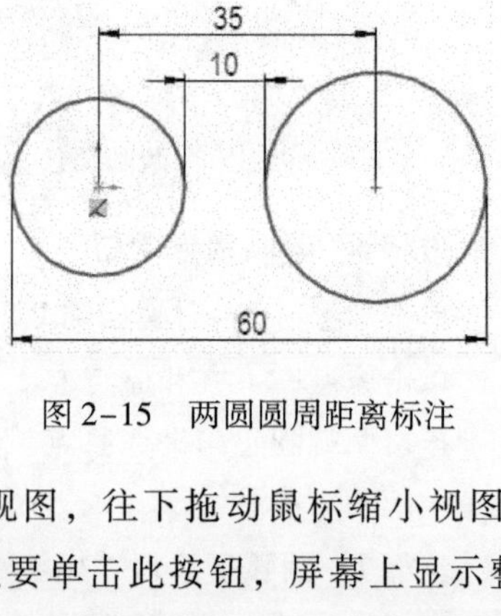

（2）在绘图过程中，对于一些小结构看不清楚时，可单击"⊞局部放大"按钮，以边界框放大到所选中的区域。也可单击"⊞放大或缩小"按钮，往上拖动鼠标放大视图，往下拖动鼠标缩小视图。⊞整屏显示全图，无论视图显示的模式是放大还是缩小，只要单击此按钮，屏幕上显示整个图形。

图 2-15　两圆圆周距离标注

【实例2-3】用画直线、圆、绘制圆角、添加几何关系以及尺寸标注绘制图 2-16 所示图形。

分析：图 2-16 所示图形中底下部分凹槽结构中心对称，上面部分两同心圆，有两条斜线与大圆相切，这两条线与两竖直线之间有圆弧过渡。

操作步骤

步骤 1：进入草图绘制状态

单击左侧设计树中的"前视基准面"，再单击"草图绘制"按钮，进入草图绘制状态。

步骤 2：绘制中心线

单击"中心线"按钮，过坐标原点绘制一条竖直中心线。

步骤 3：动态镜向实体

单击"动态镜向实体"按钮，打开动态镜向实体，选中中心线，绘制凹槽右半部分，添加几何关系，选中图 2-17 中最下面水平线与坐标原点，选中重合选项（在绘制草图时，整个图形与坐标原点的位置尽量确定）。

再次单击"动态镜像实体"按钮，关闭动态镜像实体，在凹槽右上角绘制两同心圆，并标注尺寸。

步骤 4：绘制圆弧切线

过凹槽右上角点绘制一斜线与大圆相切，再在大圆左侧绘制另一条向左下角倾斜的斜线，该线与大圆相切，左端超过凹槽左侧竖线，单击"延伸实体"按钮，单击凹槽左侧竖线，结果如图 2-18 所示。

步骤 5：绘制圆角

单击"绘制圆角"按钮，在圆角参数框中输入"12"，选中左侧两条线，完成圆角绘制，如图 2-19 所示。右侧圆角绘制同上，参数改为"7"。

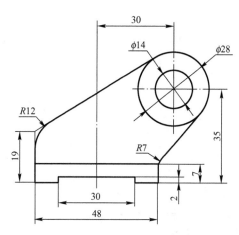

图 2-16 绘制草图实例三

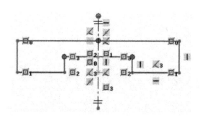

图 2-17 凹槽动态镜向绘制

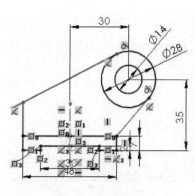

图 2-18 延伸实体画法

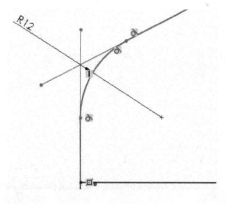

图 2-19 绘制圆角

步骤 6：添加辅助线

此时图 2-16 中左侧尺寸"19"无法标注，需添加辅助线，如图 2-19 中的两条线。为确保这两条线与原线条重合，需添加"共线"几何条件，竖线需添加"竖直"几何条件，单击"![icon]剪裁实体"按钮，在左侧管理器中选中"剪裁到最近端（T）"，指针分别点选交点外侧的线段，单击"![icon]构造几何线"按钮，指针点选添加的辅助线，使它们变成构造线（即中心线，也可以直接选中这两条线，在直线属性对话框中选中"作为构造线（C）"，在以后三维建模中构造线不参加建模），然后标注左侧竖线两点的距离为"19"，凹槽右侧在绘制了圆角后，出现裂口，应补上竖线，至此，完成了该草图的绘制。

【实例 2-4】用"圆周草图阵列"等命令绘制图 2-20 所示图形，并添加几何关系以及尺寸标注。

分析：图 2-20 所示图形中，上、下两部分结构相同，属于中心对称，因此画图时，只要画出其中一个结构，另一个复制即可。

操作步骤

步骤 1：进入草图绘制状态

单击左侧设计树中的"前视基准面"，再单击"![icon]草图绘制"按钮，进入草图绘制状态。

步骤 2：绘制中心线

单击"![icon]中心线"按钮，过坐标原点绘制一条竖直中心线。

步骤 3：绘制同心圆

以坐标原点为圆心绘制两同心圆，在中心线另一端绘制两同心圆。

步骤 4：绘制圆弧切线

绘制一直线，两端点分别在大圆周上，在直线与两圆之间分别添加"相切"的几何关系，再以中心线为对称线，镜向直线，结果如图 2-21 所示。

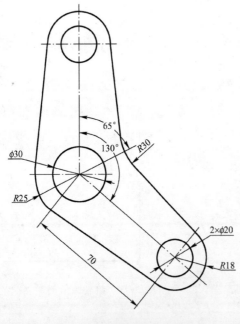

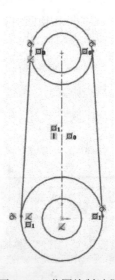

图 2-20　绘制草图实例四　　　　图 2-21　草图绘制过程

步骤5：草图圆周阵列

单击"▦圆周草图阵列"按钮，在图2-22（a）所示"圆周阵列"属性面板中，激活"参数(P)"选项下的阵列中心：点选坐标原点；在"▦角度"文本框中输入"130"；在"▦阵列个数"文本框中输入"2"；激活"要阵列的实体(E)"方框，然后在绘图窗口中选择需阵列的所有对象，如图2-22（b）所示，单击☑按钮。

步骤6：剪裁实体

单击"▦剪裁实体(T)"按钮，按图2-20剪裁线段。

步骤7：绘制圆角

单击"▦绘制圆角"按钮，按图2-20所示倒圆角，半径为"30"，标注各部分尺寸。

步骤8：添加几何关系

两条中心线应添加"相等"几何关系。

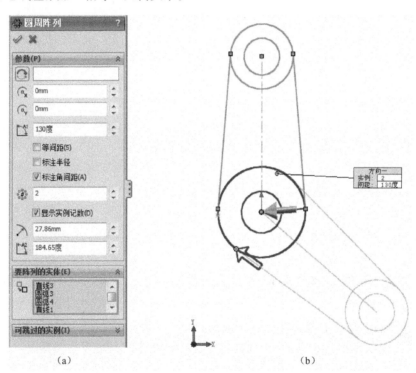

（a）   （b）

图2-22　圆周草图阵列

注意：

（1）在标注半径为"25"的大圆弧时，可能会出现过定义提示，此时可适当拖动圆弧，使它增大，再进行标注。

（2）在倒圆角时，直线与半径为"25"的圆弧相切的条件被破坏，需重新添加几何关系。

第四节　三维草图绘制

SolidWorks软件除了能绘制二维草图，还可以绘制三维草图（3D草图）。3D草图在建模中可以作为扫描路径，用作放样或扫描的引导线、放样的中心线或线路系统中的关键实体之一；3D 草图绘制的用途之一是设计线路系统。

一、相对于坐标系绘制 3D 草图

【实例 2-5】绘制一个如图 2-23 所示的 3D 草图。

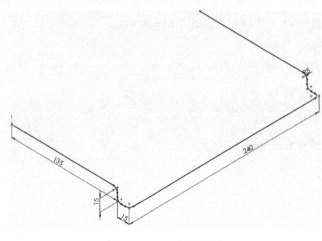

图 2-23　3D 草图绘制

操作步骤

步骤 1：生成新零件

单击"⬜新建"按钮（标准工具栏），生成一新零件。

步骤 2：进入 3D 草图绘制状态

单击"🖼 3D 草图"按钮（草图工具栏中）。

步骤 3：在 XY 基准面上绘制直线

单击"◻直线"按钮（草图工具栏），然后在"XY 基准面"上（🖱 鼠标形状）从原点开始绘制一条沿 X 轴，长约 135 mm 的直线，如图 2-24（a）所示，然后按图 2-24（b）所示沿 Y、X 分别绘制两条长约 15 mm 的直线。在 XY 基准面上水平绘制草图时，指针形状为🖱。

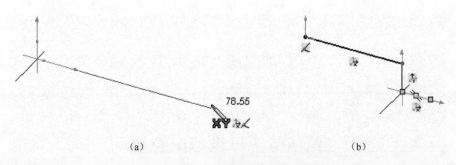

(a)　　　　　　　　　　　　　　　　　(b)

图 2-24　在 XY 基准面上绘制直线

步骤4：在 *YZ* 基准面上绘制直线

按【Tab】键，将草图基准面切换到"*YZ* 基准面"，鼠标为 形状，沿 *Z* 轴绘制长 240 mm 的直线，如图 2-25 所示。

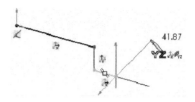

图 2-25 在 *YZ* 基准面上绘制直线

步骤5：在 *XY* 基准面上绘制直线

按两次【Tab】键，再次切换到"*XY* 基准面"，沿着"*X*、*Y*"轴绘制长约 15 mm 的直线，再沿 *X* 轴绘制 135 mm 的直线。

二、在 3D 空间添加几何关系及标注尺寸

1. 添加几何关系

选中4条短直线，添加"相等"几何关系，选中两条长 135 mm 的直线，添加"相等"几何关系。

2. 标注尺寸

与在二维草图中标注尺寸相同，标注各部分尺寸。然后在各交点处倒圆角，半径为"5"。单击" 3D 草图"按钮（草图工具栏），关闭草图绘制。

第五节　基本草图编辑

基本草图编辑就是对已绘制的图元实体进行移动、复制、删除等。

一、点的编辑

1. 移动点

（1）将选择按钮贴近该点，待光标变成带点的箭头时，按下左键，拖动光标至另一位置即可。

（2）改变"点的属性栏"中各项属性的数值。

2. 复制点

（1）将选择按钮贴近该点，待光标变成带点的箭头时，按下左键，同时按下【Ctrl】键不放，拖动光标至另一位置，即可在光标所在的位置复制点。

（2）将选择按钮贴近该点，待光标变成带点的箭头时，同时按下【Ctrl + C】组合键，移动光标至另一位置，同时按下【Ctrl + V】组合键，即可在光标所在的位置复制点。

3. 删除点

（1）将选择按钮贴近该点，待光标变成带点的箭头时，按下【Delete】键。

（2）右击后在弹出的快捷菜单中选择"删除"命令。

二、直线的编辑

1. 改变直线的长度和斜率

（1）改变"直线属性栏"中各项属性的数值，就可改变直线的长度和斜率。

（2）用鼠标选中直线的一端点，按住左键随意拖动，也可改变直线的长度和斜率。

2. 移动直线

用鼠标选中直线，按住左键随意拖动，即可移动直线。

3. 复制直线

（1）用鼠标单击直线，同时按下【Ctrl】键不放，拖动光标到想复制直线的另一位置，即可在该位置复制直线。

（2）用鼠标单击直线，同时按下【Ctrl + C】组合键，将光标移到想复制直线的另一位置，同时按下【Ctrl + V】组合键，即可复制直线，并可复制多次。

三、矩形的编辑

1. 改变矩形的形状和大小

（1）用鼠标选中矩形的一个端点，按住左键不放，随意拖动鼠标，即可改变矩形的形状和大小。

（2）改变"矩形属性栏"中的各项属性的数值。

2. 移动矩形

框选矩形（光标从右上角拖向左下角，形成一矩形框，被框全部包容的或被框的边线穿过的实体全部选中；光标从左上角拖向右下角，形成一矩形框，被框全部包容的实体全部选中，被框的边线穿过的实体不选），然后按住左键不放，拖动鼠标，即可达到移动矩形的目的。

3. 复制矩形

（1）框选矩形，按下左键，同时按下【Ctrl】键不放，拖动光标至另一位置，即可在该点复制矩形。

（2）框选矩形，同时按下【Ctrl + C】组合键，将光标移到目标位置，同时按【Ctrl + V】组合键，即可完成复制任务。

四、圆的编辑

改变圆的大小：

（1）用鼠标选中圆周，按住左键不放，随意拖动鼠标，即可改变圆的大小。

（2）改变"圆属性栏"中半径的数值。

第六节　草图几何关系

几何关系是指各绘图实体之间或绘图实体与基准面、轴、边线、端点之间的相对位置关系。

一、引入几何关系限制

1. 自动引入几何限制条件

单击菜单"工具(T)"/"选项(P)…"命令，弹出"系统选项(S)"对话框，选择"系统选项(S)"选项卡，单击"草图——几何关系/捕捉"选项，选中"自动几何关系(U)"复选框，这样就设定了"自动引入限制条件"；也可以单击工具栏中的"▣选项"按钮。其效果如下：

（1）当绘制直线时，光标会自动显示水平与垂直，也有用虚线显示的推理线。推理线一般包括现有的线矢量、法线、平行、垂直、相切和同心等。

（2）当绘制任一图元时，光标会自动捕捉其他图元上的特殊点。

2. 手动添加几何关系

用选择按钮选择需添加几何关系限制的草图图元：

（1）单击菜单"工具（T）"/"几何关系（O）"/"添加（A）"命令。

（2）右击，在弹出的快捷菜单中选择"🔲添加几何关系"命令。

（3）在"尺寸/几何关系"工具栏上单击"🔲添加几何关系"按钮。在对话框中选择最合适的项目即可。

二、删除几何关系

要删除某两图元之间的几何限制条件，只要单击"🔳删除几何关系"按钮，或单击菜单"工具（T）"/"几何关系（O）"/"显示/删除"命令。

第七节　草图尺寸标注

在 SolidWorks 软件中，尺寸标注是定义几何元素和捕捉设计意图的另一种表达方法。使用尺寸标注的优点在于用户既可以在模型中显示尺寸的当前值，又可以修改它。

一、尺寸标注的方法

尺寸标注的方法有：

（1）线性尺寸的标注。

（2）角度尺寸的标注。

（3）圆弧尺寸的标注。

（4）圆尺寸的标注。

这些尺寸的标注均可用"智能尺寸"标注完成。

1. 智能尺寸工具

根据用户选取的几何元素来决定尺寸的正确类型。在标注前就可以预览尺寸的类型。例如，如果用户选择了一个圆弧，系统将自动创建半径尺寸；如果是圆，则得到直径尺寸；如果选取两条平行线，系统则给出两平行线间的距离；如果选择的是两条相交直线，系统会自动量取两直线的夹角。当"智能尺寸"不能满足用户要求时，还可以选择几何元素的端点并将尺寸移动到不同的标注位置。

2. 操作方法

（1）单击菜单"工具（T）"/"标注尺寸（S）"/"📝智能尺寸（S）"命令。

（2）右击，在弹出的快捷菜单中选择"📝智能尺寸"命令。

（3）在"尺寸/几何关系"工具栏上单击"📝智能尺寸"按钮。

二、尺寸属性

1. 尺寸属性的内容

尺寸属性属于一个尺寸的多项特性，它包括：尺寸数值的大小和精度、箭头的类型、数字和文字的字体和大小、是否要标注公差等。

2. 尺寸属性对话框

单击某一尺寸，在窗口左边出现"尺寸属性"对话框。

3. 修改箭头样式和尺寸界线

（1）箭头形状和大小：单击"▣·选项"按钮或单击菜单"工具(T)"/"选项(P)…"/"文档属性"/"绘图标准"/"尺寸"命令，修改箭头形状和大小。

（2）尺寸界限的底部间隙和延伸长度：单击"▣·选项"按钮，或单击菜单"工具(T)"/"选项(P)…"/"文档属性"/"绘图标准"/"尺寸"命令，修改尺寸界线中"缝隙(G)"和"超出尺寸线(B)"后的文本框中的数值（打开工程图模块，才有此选项）。

4. 单位

默认值为 mm。若要改变可单击菜单"工具(T)"/"选项(P)…"/"文档属性"/"单位"命令，对尺寸的线性单位和角度单位及其小数位进行修改。

第八节　草　图　状　态

在任何时候，草图都处于五种定义状态之一。草图状态由草图几何体与定义的尺寸之间的几何关系来决定。最常见的三种定义状态分别如下：

1. 草图欠定义 🖉 (-) 草图1

这种状态下，草图的定义是不充分的，没有足够的信息来完全定义草图，草图几何体是蓝色的（系统默认设置），此时用鼠标单击草图中任一图元实体并拖动，图形会随之变化或移动（图形没有与坐标原点定位）。

2. 草图完全定义 🖉 草图1

草图具有完整的信息。完全定义的草图几何体是黑色的（系统默认设置）。一般来说，当零件设计完成后，其每一个草图都应该是完全定义的。

3. 草图过定义 🖉 ⚠ (+) 草图1

草图中有重复的尺寸或相互冲突的几何关系，直到修改后才能使用。应该删除多余的尺寸和约束关系。过定义的草图几何体是红色的（系统默认设置）。

另外，还有两种草图状态是无解和无效（悬空草图）。它们都表示有错误，必须修复才能进行以后的建模。

技能训练二

1. 按图 2-26 绘制草图，添加必要的几何关系，符合设计意图。

2. 按图 2-27 绘制草图，添加必要的几何关系，符合设计意图。

3. 按图 2-28 绘制草图，添加必要的几何关系，符合设计意图。

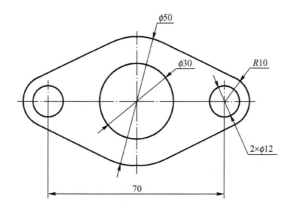

图 2-26　草图绘制训练一

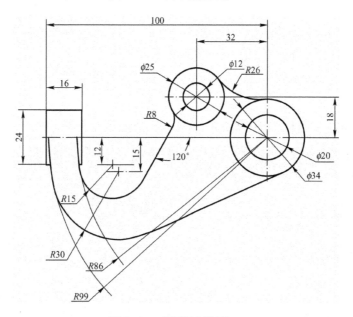

图 2-27　草图绘制训练二

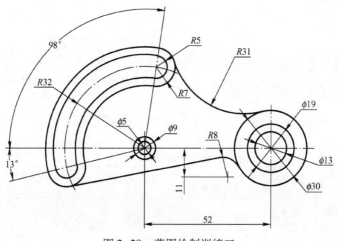

图 2-28　草图绘制训练三

第三章　建模入门

SolidWorks 三维零件建模一般是在绘制二维草图的基础上，经过执行拉伸、切除、旋转等三维命令，产生一定的三维特征，这些特征可组合成较复杂的三维零件模型。

学习目标

1. 掌握实体建模的基本特征命令。
2. 掌握实体建模的设计特征命令。
3. 掌握实体特征的复制。
4. 学会基础曲面造型设计。

SolidWorks 的特征工具栏提供了生成模型特征的工具，其中命令功能很多，表3-1列出了其中常用的一些特征命令及其基本功能。特征也包括了多实体零件功能，可在同一零件文件中包括单独的拉伸、旋转、放样或扫描特征。

表 3-1　常用的特征命令及其基本功能

	特征命令及按钮	基本功能	补充说明
基本特征	拉伸凸台/基体	以一个或两个方向拉伸一草图或轮廓来生成实体	可作为模型的第一特征
	拉伸切除	以一个或两个方向拉伸所绘制的轮廓来切除一实体模型	
	旋转凸台/基体	绕轴心旋转一草图或所选草图轮廓来生成一实体特征	可作为模型的第一特征
	旋转切除	通过绕轴心旋转草图轮廓来切除实体模型	
	扫描	沿开环或闭合路径通过扫描闭合轮廓来生成实体特征	可作为模型的第一特征
	扫描切除	沿开环或闭合路径通过扫描闭合轮廓来切除实体模型	
	放样凸台/基体	在两个或多个轮廓之间添加材质来生成实体特征	可作为模型的第一特征
	放样切割	在两个或多个轮廓之间通过移除材质来切除实体模型	
设计特征	圆角	沿实体或曲面特征中的一条或多条边线来生成圆形内部或外部面	
	倒角	沿边线、一串切边或顶点生成一倾斜的边线	
	边界凸台/基体	以双向在轮廓之间添加材料以生成实体特征	
	筋	给实体添加薄壁支承	

特征命令及按钮		基本功能	补充说明
设计特征	抽壳	从实体移除材料来生成一个薄壁特征	
	拔模	使用中性面或分型线按所指定的角度削尖模型面	
	简单直孔	在平面上生成圆柱孔	
	异型孔向导	用预先定义的剖切面插入孔	
	圆顶	添加一个或多个圆顶到所选平面或非平面	
	自由形	通过在点上推动和拖动而在平面或非平面上添加变形曲面	
镜向特征	线性阵列	以一个或两个线性方向阵列特征、面及实体	
	圆周阵列	绕轴心阵列特征、面及实体	
	镜向	绕面或基准面镜向特征、面及实体	

在零件三维建模时，可单击"特征"工具栏中的按钮，也可单击图 1-15 所示的 Command-Manager 中的"特征"标签，选择其中的工具即可。

第一节　实体基本特征

一、SolidWorks 专业术语

从二维设计过渡到三维设计需要一些新的专业术语。其中很多是在设计和制造过程中常见的。

1. 特征

用户在建模过程中创建的所有凸台、切除、基准面和草图等都被称为特征。草图特征是指基于草图创建的特征（凸台和切除等），而应用特征是指基于模型的边或者表面创建的特征（圆角、倒角等）。

2. 平面

平面是平坦而且无限延伸的。当在屏幕上表示平面时，这些平面具有可见的边界。它们可用作创建凸台和切除特征的初始草图。

3. 拉伸

最典型的拉伸特征是将一个草图或轮廓沿垂直于该轮廓平面的方向拉伸一定的距离。轮廓沿着这条路径移动后，就形成一个实体模型。

4. 草图

在 SolidWorks 软件中，把二维外形轮廓称为草图。草图创建于平坦的表面或模型中的平面上。草图可以独立存在，但它一般用作凸台和切除的基础。

5. 凸台

凸台用于在模型上添加材料。模型中关键的第一个特征总是凸台。创建好第一个特征后，用户可以根据需要添加任意多个凸台来完成设计。作为基础，所有凸台的创建都是从绘制草图

开始的。

6. 切除

与凸台相反，切除用于在模型上去除材料。和凸台一样，切除也是从二维草图开始的，通过拉伸、旋转或者其他建模方法去除模型的材料。

7. 内圆角和外圆角

一般来说，内、外圆角是添加到三维实体上而不是草图上的。根据所选边线与表面连接的情况，系统将自动判断圆角过渡的类型，创建外圆角（去除尖角处的材料）或者内圆角（在夹角处增加的材料）。

8. FeatureManager（设计树）

"FeatureManager 设计树"可显示出零件或装配体中的所有特征。当一个特征创建好后，就加入到"FeatureManager 设计树"中，因此，"FeatureManager 设计树"代表建模操作的时间顺序，用户可以通过"FeatureManager 设计树"编辑零件中包含的特征。设计树中的一些并列特征，可以改变上下顺序，即在设计树中"特征 1"和"特征 2"上、下位置可以调换。

二、拉伸凸台/基体

1. 绘制第一特征草图

打开 SolidWorks 软件，单击"新建"按钮，选择"零件"按钮，单击"确定"按钮。在左边设计树中选择"上视基准面"，在快捷菜单中单击"草图绘制"按钮，倾斜的"上视基准面"立即正立，与屏幕重合，按图 3-1 绘制草图，草图左边边线与坐标原点添加"中点"几何关系，其余边线分别添加"水平"和"竖直"几何关系，也可以单击线条，在"线条属性"属性面板中添加几何关系。如果直接用矩形工具，只需添加左边线与坐标原点之间的"中点"几何关系。

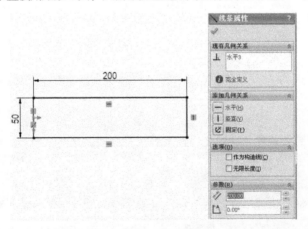

图 3-1　拉伸基体草图 1

2. 简单拉伸

（1）单击"拉伸凸台/基体"按钮或单击菜单"插入（I）"/"凸台/基体（B）"/"拉伸（E）…"命令，在图 3-2 所示"凸台 - 拉伸"属性面板中，在"方向 1"的"终止条件"下拉列表中选择"给定深度"，在"深度"文本框中输入"10"，草图向上拉伸 10 mm，图 3-2 所示箭头表示拉伸方向，第一特征完成。如需要将草图朝下拉伸，则单击"终止条件"前的"反向"按钮。

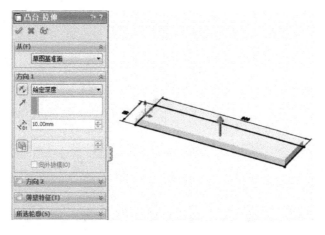

图 3-2 "凸台–拉伸"属性面板

（2）选中刚建完的拉伸特征上表面，单击"🖫草图绘制"按钮，再单击工具栏中的"↥正视于"按钮，选中的表面正立在平面上，按图 3-3 绘制草图，三个矩形的边线应和原模型的边线共线，再将草图拉伸，由于中间的矩形与左、右两矩形拉伸的高度不一样，因此要分两次拉伸，为了能看清建模效果，单击"⧉等轴测"按钮，然后执行"拉伸"命令，单击图 3-4 所示的"凸台–拉伸"属性面板中的"所选轮廓"方框，使其处于激活状态（方框呈淡蓝色），将光标放在左、右侧矩形图框内（此时所选矩形范围内呈玫红色），分别单击这两个矩形区域，在"⧉深度"文本框中输入"20"，草图向上拉伸 20 mm，如图 3-4 所示，单击☑按钮。

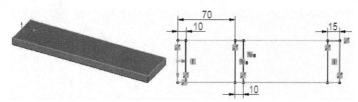

图 3-3 拉伸基体草图 2

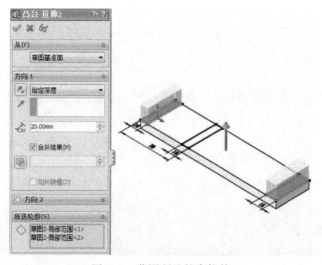

图 3-4 草图所选轮廓拉伸

（3）单击左边"FeatureManage 设计树"中最后拉伸特征前的"⊞"符号，展开特征，单击其下的"草图"选项，在快捷菜单中单击"💿 显示/隐藏"按钮，使草图处于显示状态，如图 3-5 所示，再执行"拉伸"命令，同前所述，在"所选轮廓（S）"方框中，选择中间矩形，深度输入"15"，草图向上拉伸 15 mm，单击 ✅ 按钮。

3. 带拔模角的拉伸

按图 3-6 绘制直径为"24"的圆，圆心与坐标原点"水平"，拉伸该草图，深度输入"25"，单击图 3-4 所示的"凸台-拉伸"面板中的"🔲 拔模开/关"，在其后的文本框中输入"5"，单击 ✅ 按钮，生成一圆台。

图 3-5　设计树中草图显示状态

4. 拉伸终止条件类型

按住鼠标滚轮并拖动，可以任意旋转模型，将模型转到适当位置，选中右端特征内侧表面，按图 3-7 所示尺寸画圆，圆心位于模型中心面上。下面以该圆的拉伸来说明拉伸终止条件类型。

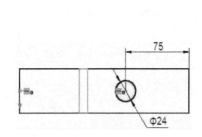

图 3-6　带拔模拉伸

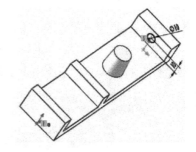

图 3-7　拉伸终止条件类型

（1）完全贯穿：在"凸台-拉伸"面板中，在"给定深度"下拉列表框中选择"完全贯穿"选项，所拉伸的圆柱将实体上所有特征穿透。

（2）成形到下一面：单击圆柱特征，在快捷菜单中单击"📇 特征编辑"按钮，修改刚才所建特征，在终止形式列表中选择"成形到下一面"选项，圆柱终止端与圆台相交。

（3）成形到一顶点：选择该选项，选中实体上的一个顶点，圆柱终端即与该点平齐。

（4）成形到一平面：选择该选项，选中实体上的一平面，圆柱终端与该平面平齐。

（5）建立倾斜基准面：为了使特征效果明显，先作一个与水平面成30°夹角的基准面，如图 3-8 所示。单击"🔲 基准面"按钮或单击菜单"插入（I）"/"参考几何体（G）"/"🔲 基准面（P）..."命令，在图 3-9 所示"基准面"属性面板中，"第一参考"单击图 3-8 中的水平面，"第二参考"单击图 3-8 中的两平面交线，在"🔲 角度"文本框中输入"30"，如果位置不对，可选中"反转"复选框，单击 ✅ 按钮。在"FeatureManage 设计树"中出现"基准面 1"，可以根据需要修改该基准面的名称。

（6）到离指定面指定距离：单击设计树中"基准面 1"并将它拖至上一个凸台特征前。此时，凸台特征在设计树最下端，编辑该特征，选择终止类型为"到离指定面指定的距离"，单击模型中"基准面1"，在"等距距离"文本框中输入"15"，单击☑按钮，效果如图3-10所示，如果终止面在"基准面1"的另一侧，选中下方的"反向等距"复选框即可。

图3-8　作倾斜参考基准面　　　　　图3-9　"基准面"属性面板

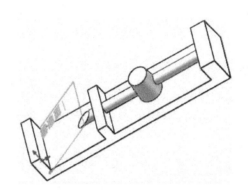

图3-10　等距拉伸终止条件

（7）成形到实体：选中窗口中的某一实体即可。

（8）两侧对称：输入深度数值后，特征以草图基准面为对称面，向两侧等距拉伸。

5. 双向拉伸

如果一特征同时需要向两个方向生成，可单击"方向2"，其终止条件类型与"方向1"相同。

6. 拉伸薄壁

如果需要拉伸空心实体，应该选中"薄壁特征（T）"复选框；如果所绘草图为不封闭轮廓，在拉伸时自然产生薄壁特征。

三、拉伸切除

仍以图3-10模型为例，先在设计树中单击"基准面1"，在快捷菜单中单击"⌖显示/隐藏"按钮，"基准面1"被隐藏，以右端拉伸凸台特征外侧面为基准面画一圆，尺寸如图3-11所示，单击上一"凸台-拉伸"特征前的"⊞"符号，再单击其中的"草图"选项，在快捷菜单中单击"🗽显示/隐藏"按钮，可以看见直径为"10"圆的草图，添加两圆"同心"几何条件。单击"🗽拉伸切除"按钮或单击菜单"插入(I)"/"切除(C)"/"🗽拉伸(E)..."命令，将长圆柱中心切除，为了保证其被完全切除，终止条件应选"成形到一面"，选择斜面，单击🗽按钮，效果如图3-12所示，将文件命名为"拉伸-切除练习"并保存。

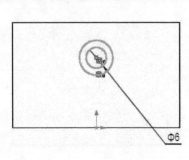

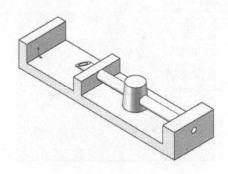

图 3-11　拉伸切除草图　　　　　图 3-12　拉伸切除

拉伸切除的终止条件类型与拉伸凸台/基体的终止条件类型基本相同，读者可以根据设计意图选择合适的终止形式。

四、旋转凸台/基体

旋转特征是通过围绕一条中心线或直线旋转一个或多个轮廓生成一个增加或移除材料的特征。

1. 创建旋转特征

单击"🗽样条曲线"按钮，按图3-13绘制草图，其中样条曲线上的点可任意绘制，如觉得图形不够美观，可单击样条曲线，在曲线的各点上会出现句柄，拖动它们即可调整曲率，拖动各点即可改变曲线的位置。单击"🗽旋转凸台/基体"按钮或单击菜单"插入(I)"/"凸台/基体(B)"/"🗽旋转(R)..."命令，弹出图3-14所示系统信息提示对话框，因为当前草图没有封闭，不能生成旋转实体。如果需要生成旋转实体，则单击"是(Y)"按钮，系统将自动封闭草图，而后生成实体；如果单击"否"按钮，则产生薄壁旋转特征。图3-15所示为"旋转"属性面板，其中"薄壁特征(T)"前的复选框为选中状态，壁厚为"1 mm"。

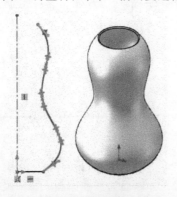

图 3-13　旋转特征　　　　　图 3-14　系统信息提示对话框

2. 旋转轴

旋转轴可以是草图中的直线、中心线以及模型中的边线（直线型）。

3. 终止条件类型

（1）给定深度：输入旋转角度，一般默认为360°。

（2）成形到一顶点：选中模型中的某一顶点，模型旋转到该顶点位置。

（3）成形到一面：选中模型中的某一面，模型旋转到该面位置。

（4）到离指定面指定距离：选中模型中的某一面，模型旋转到距该面指定距离位置。

图3-15 "旋转"属性面板

（5）两侧对称：输入旋转角度，模型以当前草图面为对称面，分别向两侧旋转，产生对称旋转实体或薄壁。

同拉伸凸台/基体一样，只要单击"旋转"属性面板中的"所选轮廓"，即可选择草图中某些封闭图元旋转生成实体。

【实例3-1】按图3-16所示尺寸完成手轮轮轴建模。

分析：手轮轮轴的特征是由几何体绕轴线旋转而成。旋转特征的草图中包含轴对称几何体和中心线（作为轴线）。在合适的情况下，也可用草图直线作为旋转中心线。

操作步骤

步骤1：绘制矩形和中心线

（1）绘制矩形：单击"前视基准面"，选择"草图绘制"工具。单击"▣边角矩形"按钮，创建一个矩形，尺寸如图3-16所示，矩形右下角在坐标原点。

（2）绘制中心线：过坐标原点绘制中心线。

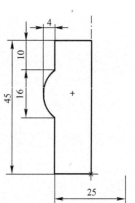

图3-16 手轮轮轴二维图

步骤2：标注矩形尺寸

按图3-16标注矩形尺寸，在标注尺寸"25"时，应点选矩形左下角，然后单击中心线，左右移动光标，发现光标在中心线左侧显示的数值与光标在中心线右侧显示的数值是2倍的关系，本实例光标在中心线右侧，即矩形旋转后的直径为25 mm。

步骤3：绘制圆弧

单击"▣三点圆弧（T）"按钮，鼠标在矩形左侧竖线上点两点，作为圆弧的起点和终点，第三点在竖线左侧，按图3-16确定圆弧方向。

步骤4：剪裁草图

使用"▤剪裁实体（T）"工具，用"剪裁到最近端"将圆弧中间直线段剪去。

步骤5：标注圆弧尺寸

按图3-16标注圆弧尺寸。其中，尺寸"4"的标注方法是，单击圆弧，再单击直线，单击▣按钮，此时所标尺寸为直线与圆弧圆心的距离，然后在"尺寸属性"对话框中选择"引线"

标签，单击"第一圆弧条件"，选中"最小"单选按钮，修改尺寸。究竟选择"最大"还是"最小"单选按钮，须看窗口中的图形。

步骤6：创建旋转特征

单击"⊞旋转凸台/基体"按钮，选择中心线为旋转轴线，旋转角为360°，将当前草图旋转产生手轮模型，如图3-17所示。

五、旋转切除

通过绕轴心旋转草图轮廓来切除实体模型。

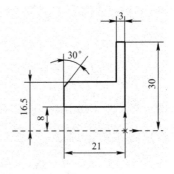

图3-17　手轮模型

【实例3-2】 以M20的螺母和垫圈为例，利用旋转切除命令在正六棱柱端面切除出锥面。螺母的几何尺寸 $e=33$，$s=29$，$m=18$，$D=20$，$d=17$，螺距为2.5；垫圈 $d_2=60$，$h=3$。

分析： 图3-18所示螺母的特征右端是一扁圆柱，可以作为建模的第一特征；左端为正六棱柱，端面被一圆锥面切除，中间贯穿一个圆柱孔。

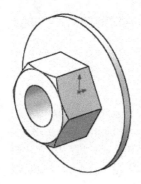

图3-18　螺母

操作步骤

步骤1：垫圈建模

（1）单击"右视基准面"，选择"草图绘制"工具，单击"◎圆（R）"绘制两同心圆，半径分别为"30"和"8"，圆心在坐标原点上。

（2）建立第一特征，单击"⬛拉伸凸台/基体"按钮，拉伸深度为"3"，单击"✍相反"按钮，模型向左拉伸，完成垫圈建模。

步骤2：正六棱柱建模

（1）单击垫圈左面，作为绘制草图基准面，使用"◎多边形"工具，在"多边形"属性面板中，确认边数为"6"，以坐标原点为中心绘制正六边形。

（2）如图3-19标注尺寸"33"，去除正六边形两对边尺寸约束，以防止出现过定义。

（3）为了让草图完全定义，需要添加几何关系：单击正六边形的一个顶点，再单击坐标原点，添加"水平"几何关系。

（4）选中垫圈的孔轮廓，单击"⬛转换实体引用"按钮，在当前草图中即生成与垫圈孔直径相同的圆，该圆的直径始终和垫圈孔的直径相同。

（5）拉伸草图，深度为"18"，观察拉伸方向，单击☑按钮。

步骤3：旋转切除

选中"前视基准面"，按图3-20所示绘制草图，其中与端面成30°的直线与正六棱柱边线添加"重合"几何关系，单击"🔲旋转切除"按钮或单击菜单"插入（I）"/"切除（C）"/"🔲旋转（R）..."命令，完成正六棱柱端部切除。将文件命名为"螺母"并保存。

注意：三角形的下面一个顶点千万不能在中心线上，更不能在中心线下方；否则，建模时自我相交，无法形成实体。

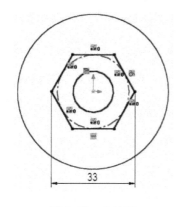

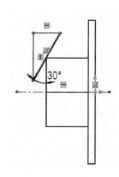

图3-19 六边形　　　　　图3-20 旋转截面

六、扫描

扫描就是将一个轮廓线或一个截面沿着一条路径线移动生成基体、凸台、切除等特征。

注意：

（1）如果生成基体或凸台扫描特征，则轮廓线必须是封闭的，而且必须是草图。

（2）不论是哪一种特征，路径线可以封闭，也可以开放，可以是草图、模型边线或参考曲线。

（3）路径的起点必须位于轮廓线的基准面上。

（4）不论是截面轮廓线、路径线或形成的实体，均不能出现自我相交的现象。

1. 简单扫描

简单扫描就是只有一个作为截面轮廓线的草图和一个作为路径线的草图，截面轮廓线沿路径线移动而生成特征。

【实例3-3】内六角扳手建模，尺寸如图3-21所示。

操作步骤

步骤1：绘制路径线草图

选择"前视基准面"绘制草图1。如图3-21（a）所示，用"直线"绘制工具绘制一条竖直线与一条水平线，其中竖直线过坐标原点，线长分别为50和150，单击"🔲绘制圆角"按钮，在"绘制圆角"属性面板的"圆角参数"文本框中输入"25"，点选两条需要添加圆角的直线，单击"🖉草图绘制"按钮退出草图，也可单击位于窗口右上角的"确认角"中的🖳按钮，退出并保存草图。如单击⊠按钮，则退出草图且不保存草图。

步骤2：绘制截面

选择"上视基准面"绘制草图2。如图3-21（b）所示，用"◎多边形"工具绘制正六边形，中心经过坐标原点，在"多边形"属性面板中，在"参数"标签下"⬡边数"文本框中输入"6"，单击✅按钮。两条对边距离为"10"，且竖直放置，退出草图。

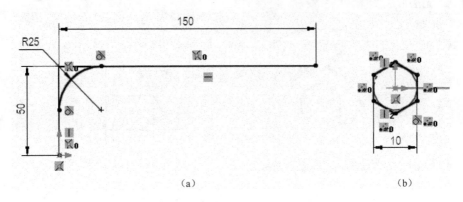

（a）　　　　　　　　　　　　　（b）

图3-21　内六角扳手截面与路径草图

步骤3：扫描

单击"🖫扫描"按钮或单击菜单"插入（I）"/"凸台/基体（B）"/"🖫扫描（S）..."命令，出现"扫描"属性面板，如图3-22（a）所示，单击该属性面板的"轮廓和路径（P）"下的第一个方框（轮廓），方框呈蓝色，表示被激活，单击绘图区域中的正六边形草图；同样单击第二个方框［路径（草图）］，再单击绘图区域中的直线草图，单击✅按钮，完成内六角扳手建模，结果如图3-22（b）所示。

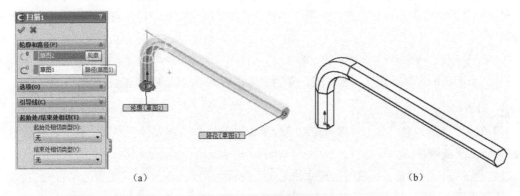

（a）　　　　　　　　　　　　　（b）

图3-22　内六角扳手模型

注意：简单扫描包含两个草图，轮廓草图和路径草图。

【**实例3-4**】制作带柄茶杯，如图3-23所示。

分析：该模型分为杯柄和杯体两部分，它们分别建模。

操作步骤

步骤1：杯柄建模

（1）绘制杯柄曲线（扫描路径线）并添加几何关系：选择"前视基准面"绘制草图，按图3-24（a）所示，用"直线"绘制工具绘制一条斜线，再单击"切线弧"按钮，在直线终端画圆弧，与直线相切。单击"添加几何关系"按钮，添加"圆弧"圆心与坐标原点"重合"几何关系；添加圆弧端点与斜线端点"竖直"几何关系。单击"中心线（N）"

图3-23　带柄茶杯

按钮，在斜线下端画一条水平中心线作为辅助线（千万不能用直线，中心线即构造线不参加建模），再按图3-24（a）标注尺寸，退出并保存草图。

（2）设置辅助基准面：按住【Ctrl】键的同时选中直线和其端点，单击"基准面"工具，在"基准面"属性面板中已显示"垂直"，单击✓按钮，所设置的"基准面1"过直线端点且与直线垂直。

（3）绘制截面轮廓并添加几何关系：选择"基准面1"，单击"正视于"按钮，打开"草图绘制"工具，单击"中心点直槽口"按钮，按图3-24（b）绘制草图，并标注尺寸。单击"添加几何关系"按钮，单击直槽口的中点，再单击直线（靠近直线端点）添加"穿透"几何关系，直槽口的中心点与直线端点重合，同时该草图"完全定义"，退出并保存草图。

（4）产生扫描特征：单击"扫描"按钮，激活"扫描"属性面板中的"轮廓"方框，单击"直槽口"草图，激活"路径"方框，单击路径线草图，单击✓按钮，完成杯柄建模，如图3-24（c）所示。

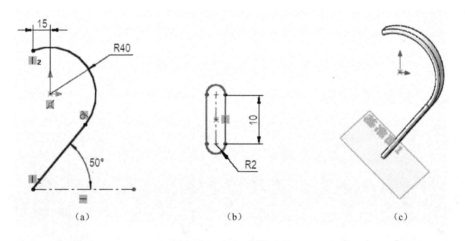

(a)　　　　　　　　　(b)　　　　　　　　　(c)

图3-24　杯柄建模过程

步骤2：杯体建模

（1）绘制杯身草图：选择"前视基准面"绘制草图，按图3-25（a）所示，单击"边角矩形"按钮，绘制矩形并标注尺寸，退出并保存草图。

（2）产生旋转凸台特征：用"旋转凸台"工具将矩形旋转建模，旋转轴点选矩形左侧竖线，建成杯体雏形。

（3）拉伸切除：杯体内部和底部采用拉伸切除形成空腔，选择圆柱上底面作为草图基准面，绘制草图，单击"⬚等距实体"工具条，向内等距 10 mm，如图 3-25（b）所示，单击"拉伸切除"工具，在"拉伸–切除"属性面板中选择终止条件类型为"到离指定面指定距离"，单击圆柱下底面，输入深度"20"。重复上一步骤，在杯底"拉伸切除"圆柱，深度距茶杯内腔底部 10。

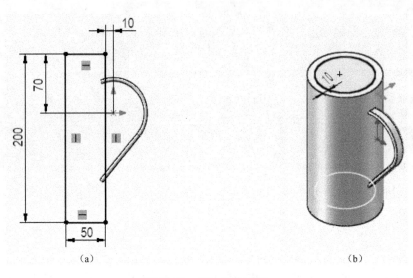

（a） （b）

图 3-25 杯体建模过程

步骤 3：圆角特征

单击"⬚圆角"按钮，选择杯体上所有边线，确认图 3-26（a）所示"圆角"属性面板中的"圆角类型"为"等半径(C)"，半径尺寸输入"3"单击☑按钮，完成茶杯建模，效果如图 3-26（b）所示。

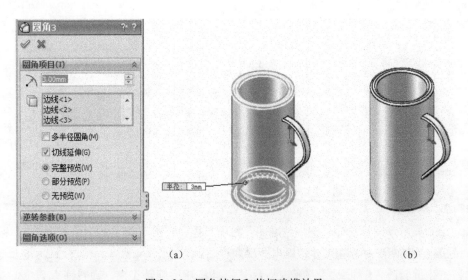

（a） （b）

图 3-26 圆角特征和茶杯建模效果

2. 带引导线的扫描

有些产品在造型时它的截面形状不变，而截面大小是沿路径变化的，这时在执行扫描命令时，需添加一条引导线，带引导线的扫描一般有三个要素需要画出：

（1）引导曲线：可为草图、曲线或边线。

（2）路径线：可为草图、曲线或边线。

（3）必须绘出封闭且不自相交的草图作为扫出断面轮廓。

其中，路径线决定了扫出的长度，而引导曲线控制了外形，断面轮廓则决定端部形状。此外，在引导曲线及路径线上必须和草图剖面形成"穿透"几何条件。

【实例3-5】化妆瓶建模。

操作步骤

步骤1：路径线草图

在"前视基准面"上画一根长74的竖线，该线经过坐标原点，退出并保存草图。该草图作为扫描时的路径线。

步骤2：引导线草图

按图3-27（a）所示尺寸，再单击"前视基准面"，单击"草图绘制"按钮，画一根圆弧曲线，先用"三点圆弧（T）"工具画下端一圆弧，再用"切线弧"工具画上端圆弧，标注尺寸，加入几何限制条件：曲线的上、下端分别与路径线上、下端水平对齐，退出并保存草图。该草图作为扫描时的引导线。

步骤3：截面轮廓草图

在"上视基准面"上绘制椭圆，椭圆圆心经过坐标原点或添加圆心与路径线"穿透"几何条件，短轴为7，如图3-27（b）所示，添加长轴端点与圆弧曲线"穿透"几何条件。

步骤4：执行扫描命令

单击"扫描"工具，在"扫描"属性面板中，分别选择"椭圆"为轮廓，"竖线"为路径，展开"引导线（C）"方框并激活，单击"圆弧曲线"［见图3-27（c）］，单击☑按钮。

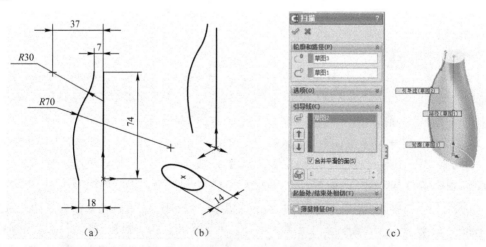

图3-27　化妆瓶建模过程

步骤 5：用较准确的方法实现带双引导线的扫描

仔细观察刚才所建模型，发现椭圆截面长轴尺寸是随引导线变化的，而短轴的长度始终是"7"，整个模型看起来有些呆板，因此，在短轴方向也加一条引导线。

右击扫描特征，在弹出的快捷菜单中选择"删除"命令。在右视基准面也画一条圆弧曲线，尺寸如图 3-28（a）所示，该线作为第二条引导线，退出草图。在设计树中，将第二条引导线草图拖到椭圆草图上面。

修改椭圆草图，单击左边设计树中的椭圆草图，单击"⊘编辑草图"按钮，进入编辑椭圆草图状态，删除椭圆短轴的尺寸"7"，再添加短轴端点与第二条引导线"穿透"几何条件。执行扫描命令，选择两条引导线，如图 3-28（b）所示，单击☑按钮。建模效果如图 3-28（c）所示。

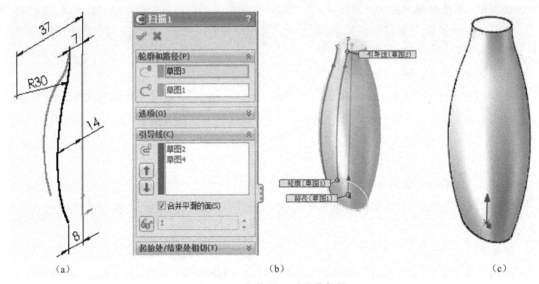

（a） （b） （c）

图 3-28 化妆瓶双引导线扫描

【实例 3-6】 利用扫描切除特征，作出螺母内螺纹。

分析： 在前面所作的螺母（见图 3-18）内孔中扫描切除螺纹。

操作步骤

步骤 1：作扫描路径

（1）作辅助基准面 1：为了确保完整扫出螺纹，作一辅助基准面与垫圈底面平行，距离为10。选中垫圈底面，单击"基准面"工具，单击"基准面"属性面板中的"平行"选项，再单击"■偏移距离"，在其后的文本框中输入"10"，建立"基准面 1"。

（2）作基圆：选中"基准面 1"绘制草图，单击"⊘草图绘制"按钮，单击螺母的圆孔，单击"◎转换实体引用"按钮，即完成草图（此圆直径始终与圆孔直径相同）绘制。

（3）作螺旋线：单击菜单"插入（I）"/"曲线（U）"/"☷螺旋线/涡状线…"命令，出现"螺旋线/涡状线"属性面板，如图 3-29 所示，在"定义方式（D）："下拉列表框中选择"高度和螺距"；在"参数（P）"中选中"恒定螺距（C）"单选按钮；在"高度（H）："文本框中输入"40"；在"螺距（I）："文本框中输入"2.5"；观察螺纹方向，如与实体方向不一致，则选中"反向"复选框。注意：如旋向不符，则选中"顺时针"或"逆时针"单选按钮，单击☑按钮。

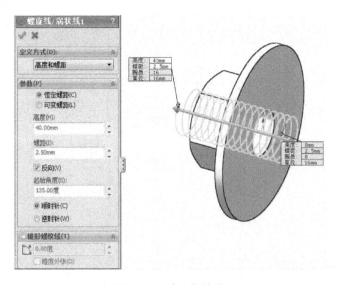

图 3-29　建立螺旋线

步骤 2：作截面轮廓

（1）作辅助基准面 2：作一过螺纹端点且过该点与螺旋线垂直的基准面，单击"基准面"工具，单击螺旋线的一个端点，再单击螺旋线（靠近该端点），在图 3-30 所示的"基准面"属性面板中，确认选中"第二参考"中的"垂直"选项，建立"基准面 2"。

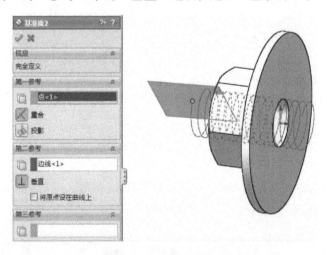

图 3-30　建立基准面 2

（2）作螺纹截面：按图 3-31（a）所示绘制草图，单击三角形右下角点，再单击螺旋线（落点靠近螺旋线端点，且在截面草图附近），添加"穿透"几何条件，退出草图。

步骤 3：扫描切除

单击"⬚扫描切除"按钮，轮廓和路径分别单击三角形和螺旋线，单击☑按钮。完成螺母建模，效果如图 3-31（b）所示（单击"前视基准面"，再单击"⬚剖面视图"按钮），保存文件。

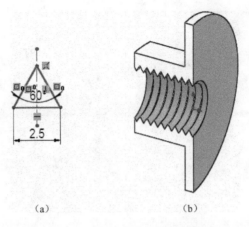

（a）   （b）

图 3-31　螺母中制作螺纹过程

七、放样凸台/基体

放样是指连接多个剖面或轮廓形成的基体、凸台或是切除。放样又称层叠拉伸，是将两个或两个以上轮廓图形作为基础进行拉伸来建立三维实体的一种特征生成工具。放样的截面轮廓线可以是草图、曲线、模型边线、分割线等。同时，要注意放样的第一轮廓线和最后一个轮廓线，可以是一个点。

1. 最简单的放样

最简单的放样是利用多个二维轮廓线混合生成特征，在创建实体特征时，轮廓必须封闭。

【实例3-7】 脱排油烟机罩壳外形放样。

操作步骤

步骤1：绘制截面轮廓1（草图1）

选择"上视基准面"绘制矩形草图，为确保矩形中心点在坐标原点，用"回中心矩形"工具绘制 800×600 矩形（长边水平放置），用"绘制圆角"工具将矩形的四个直角倒圆角，半径为50，退出并保存草图。

步骤2：作辅助基准面

选择"上视基准面"，单击"基准面"工具，添加两个与上视基准面平行距离依次为150的平面，在设计树中出现"基准面1"和"基准面2"。

步骤3：绘制截面轮廓2（草图2）

选择"基准面1"，绘制草图，单击"转换实体引用"按钮，单击"草图1"，在当前草图平面上出现和"草图1"完全相同的草图，退出并保存草图。

步骤4：绘制截面轮廓3（草图3）

选择"基准面2"，绘制以坐标原点为圆心，直径为200的圆，退出并保存草图。

步骤5：生成凸台放样

单击"放样凸台/基体"按钮或单击菜单"插入（I）"/"凸台/基体（B）"/"放样（L）"命令，按顺序选择图3-32中的三个轮廓截面，观察窗口中的预览模型，如发现下端有点向外鼓出，可展开"放样"属性面板中的"起始/结束约束（C）"，在"开始约束"和"结束约束"下拉列表框中选择所需约束形式来改变模型起始处和结束处外观，此处将这两个约束形式都改为"垂直与轮廓"，单击 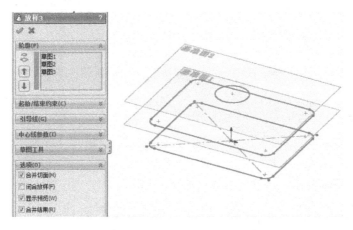按钮，所建模型如图3-33所示。

图3-32　简单放样

图3-33　脱排油烟机罩壳外形

2. 使用空间轮廓放样

使用空间轮廓放样是指放样的轮廓线中至少有一个是三维空间轮廓线，空间轮廓线可以是模型面和模型边线。

【实例3-8】牙膏壳体外形放样。

操作步骤

步骤1：牙膏头部建模

选择"前视基准面"，按图3-34所示尺寸绘制草图，草图左下角在坐标原点上，单击"旋转凸台/基体"按钮，以过坐标原点的水平线为旋转轴，生成旋转特征。

步骤2：作辅助基准面

选择"旋转特征"中右端圆台底面，单击"基准面"工具，添加两个与该端面平行距离分别为"60"和"150"的平面，在设计树中出现"基准面1"和"基准面2"。

步骤3：绘制截面轮廓1

选择"基准面1"，单击" ⊘椭圆(L)"按钮，绘制长轴在水平方向的椭圆，其中长轴长"17"，短轴长"12"，椭圆长轴的两端点添加"水平"几何条件，如图3-35（a）所示，退出并保存草图。

步骤4：绘制截面轮廓2

选择"基准面2"绘制矩形草图，为确保矩形中心点在坐标原点，单击"回中心矩形"工具绘制"43×1"矩形，单击"绘制圆角"工具将矩形的四个直角倒圆角，半径为"0.4"，如图3-35(a) 所示，退出并保存草图。

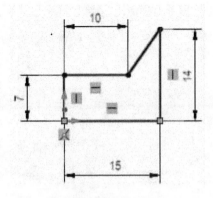

图3-34　牙膏头部草图

步骤5：生成凸台放样

单击"回放样凸台/基体"按钮，按图3-34所示顺序选择"拉伸凸台"右端面、截面轮廓1和截面轮廓2，观察窗口中模型的预览效果，如发现扭曲，重新选择各轮廓（选择点尽量在同方向），单击☑按钮，所建模型如图3-35（b）所示。

（a）　　　　　　　　　　　　　　　（b）

图3-35　牙膏壳体放样截面与放样结果

注意：

（1）如果不希望放样模型产生扭曲现象，在选择轮廓时，选择点尽量在同一边。

（2）对于较小的草图，如选择有困难，可用"回局部放大""回整屏显示全图""回放大或缩小""回放大所选范围"工具来放大局部轮廓，也可以滚动鼠标滚轮。

3. 带引导线放样

SolidWorks 也可以生成带引导线放样特征。通过使用两个或多个轮廓并使用一条或多条引导线来连接轮廓，引导线可以帮助控制所生成的中间轮廓。

【实例3-9】制作图3-36所示门环座下部模型。

操作步骤

步骤1：绘制第一条引导线

（1）选择"前视基准面"，按图3-37（a）所示尺寸绘制右侧圆弧和中心线，圆弧最下一点与坐标原点添加"水平"几何关系。

（2）选中圆弧和中心线，单击"回镜向实体"按钮，在左侧有一条与右侧圆弧关于轴对称的圆弧，单击该圆弧，出现"圆弧"属性面板，选中面板"选项(O)"中的"作为构造线(C)"复选框，左侧圆弧线条显示为构造线（类似于中心线），该线条以备后用，退出并保存草图。

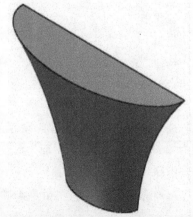

图3-36　门环座下部模型

步骤 2：绘制第二条引导线

再选择"前视基准面"绘制草图，单击"⬜转换实体引用"按钮，单击刚才所建左侧圆弧构造线，结果如图 3-37（b）所示，退出并保存草图。

步骤 3：绘制第三条引导线

选择"右视基准面"，按图 3-37（c）所示绘制草图，圆弧最下一点与坐标原点添加"水平"几何关系，圆弧最上一点与前面所作圆弧端点添加"水平"几何关系，退出并保存草图。

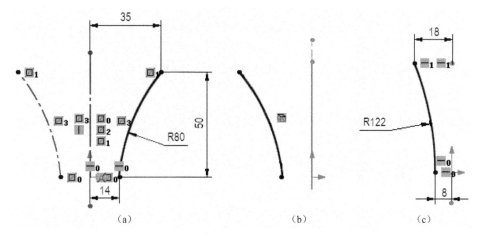

图 3-37 三条引导线草图

步骤 4：作辅助基准面

选择"上视基准面"，单击"基准面"工具，再单击三条圆弧中任一条的最上面一点，添加过该点且与"上视基准面"平行的辅助基准面，在设计树中出现"基准面 1"。

步骤 5：绘制截面轮廓 1

选择"上视基准面"，单击"⬭部分椭圆(P)"按钮，绘制半个椭圆弧，用绘制"直线"工具，在椭圆弧两端点之间绘制直线，分别将椭圆上的三个点（见图 3-38）与相对应的三条引导线添加"穿透"几何关系，退出草图。

步骤 6：绘制截面轮廓 2

选择"基准面 1"绘制草图，单击"⬭部分椭圆(P)"按钮，绘制半个椭圆弧，其余过程同上。

步骤 7：生成凸台放样

单击"⬭放样凸台/基体"按钮，分别选择两个椭圆（选择点尽量同向），激活"放样"属性面板中的"引导线"方框，分别选择三条作为引导线的圆弧。如果在模型中选择草图有困难，可单击窗口左上角的"门环座下部建模"前的"⊞"符号，单击所需选择的草图，观察模型是否达到理想效果，如图 3-39 所示，单击⬜按钮。

注意： 每一条引导线必须是一个草图，如果两条引导线在同一个基准面上也不能画在同一草图中，必须退出第一个草图，再在同一基准面上画另一草图。

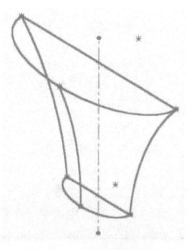

图 3-38 引导线和截面轮廓

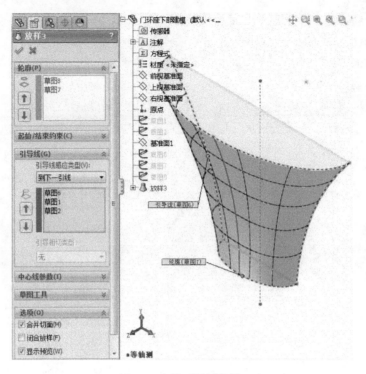

图 3-39　带引导线放样

这个模型也可以使用扫描特征进行建模。根据图中尺寸，在"前视基准面"上从原点出发绘制一根竖直向上的 50 mm 的直线作为扫描路径，再分别绘制三根曲线作为引导线；在顶面上绘制一半椭圆，并添加相关点与路径及引导线的贯穿几何关系即可。

第二节　实体设计特征

设计特征是指在设计过程中对基体特征所添加的各种特征，包括圆角特征、倒角特征、拔模斜度特征、孔特征、抽壳特征、筋特征、圆顶特征等。

一、圆角特征

圆角特征是通过选取零件的边线或面在零件上产生的一个光滑的圆弧过渡面。圆角类型有：等半径圆角、变半径圆角、混合面圆角、完整圆角。

1. 等半径圆角

（1）选择边线倒圆角：建立一个如图 3-40 所示的长方体模型。单击"圆角"按钮或单击菜单"插入(I)"/"特征(F)"/"圆角(F)…"命令，在图 3-41 所示的"圆角"属性面板中单击"手工"标签，在"圆角类型(Y)"中选中"等半径(C)"单选按钮，在"圆角项目(I)"中的"半径"文本框中输入"20"，激活"边线、面、特征和环"按钮，按图 3-41 所示，单击长方体顶面右下角顶点的三条边线，单击按钮。

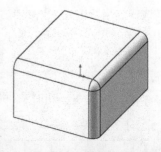

图 3-40　等半径圆角

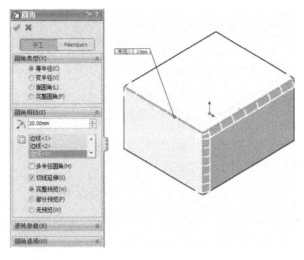

图 3-41　圆角特征

（2）选择面倒圆角：单击"⬜圆角"按钮，圆半径输入"25"，单击长方体顶面和另外一个除底面外未倒过圆角的平面，单击✅按钮，发现这两个面周围的边线全都倒了圆角。

（3）多半径圆角：在设计树中单击"圆角1"，在快捷菜单中单击"🖼编辑特征"按钮，修改"圆角"属性面板，选中"圆角项目（I）"下的"多半径圆角（M）"复选框，在原来倒过圆角 3 条边线上出现 3 个标签，并注明半径为 20（原来设置），双击标签中半径数值，分别输入 30、40、50（具体数值视模型大小而定），单击✅按钮，结果如图 3-42 所示。

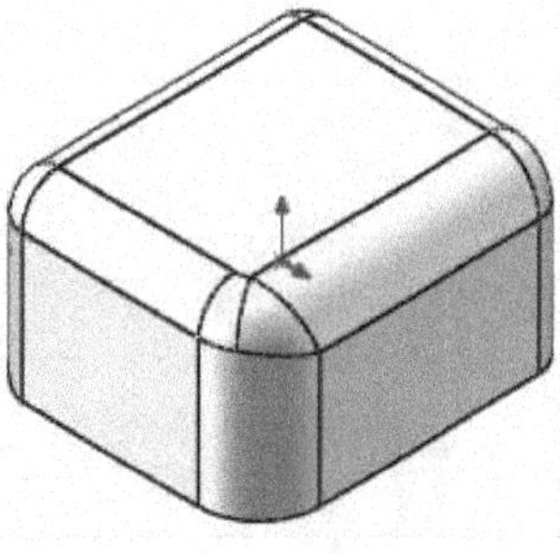

（4）逆转参数：从图 3-42 中看到 3 个圆角交汇处曲面过渡不够理想，需要调整。单击"🖼编辑特征"按钮，在"圆角"

图 3-42　多半径圆角

属性面板中展开"逆转参数（B）"，激活"🖼逆转顶点"按钮，单击图 3-43（a）中 3 条棱线的交点（汇聚点），单击✅按钮，结果如图 3-43（b）所示。如果想达到较好的圆角顶点效果，可在图 3-43（a）所示模型中"逆转：未指定"标签中输入相应的半径值。

（5）圆角选项——圆形角：在长方体顶面作一凸台，并按图 3-44（a）所示倒圆角，从图

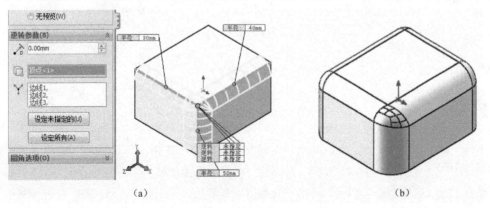

（a）　　　　　　　　　　　　　　　　（b）

图 3-43　逆转参数

中看到两圆角相交处有明显的交线。单击"⬚编辑特征"按钮，在"圆角"属性面板中展开"圆角选项"，选中"圆形角"复选框，单击☑按钮，结果如图 3-44（b）所示。

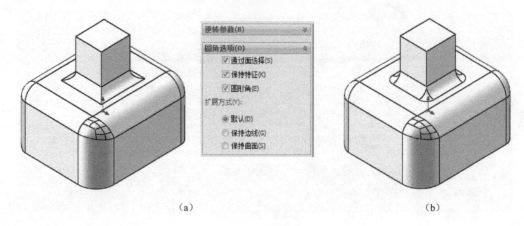

（a）   （b）

图 3-44　圆角选项

2. 变半径圆角

变半径圆角是对同一条边线的顶点指定不同的半径，从而形成变化半径的圆角。

以门环座下部模型为例，在两条交线处倒圆角。打开"环座下部模型"，单击"⬚圆角"按钮，在"圆角"属性面板中选中"变半径"单选按钮，单击模型中两条交线，在两条交线上下顶点处出现标签，如图 3-45（a）所示，单击标签中"变半径：未指定"，按图 3-45（b）所示分别输入"2"和"5"，输入完毕，按【Enter】键，单击☑按钮，结果如图 3-46 所示。

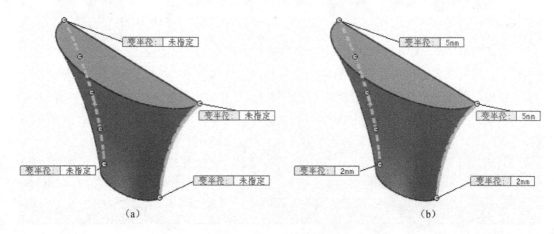

（a）   （b）

图 3-45　变半径参数输入

3. 混合面圆角

混合面圆角是生成一个圆弧面，它将不相邻的面融合成一体。

创建一个如图 3-47（a）所示的模型，单击"⬚圆角"按钮，在"圆角"属性面板中选中"面圆角(L)"单选按钮，激活"面组 1"方框，再单击模型中的斜面，激活"面组 2"方框，再单击模型中的水平面，输入半径"70"（半径数值视模型大小而定，需要反复尝试），如图 3-47（b）所示，单击☑按钮，结果如图 3-47（c）所示。

4. 完整圆角

完整圆角是可以选择三个相邻面组（一个或多个切面），并应用与此三个面组相切的圆角。

创建一个如图 3-48（a）所示的模型，单击"█圆角"按钮，在"圆角"属性面板中选中"完整圆角（F）"单选按钮，单击"边侧面组 1"方框，再单击模型中的顶面，单击"中央面组"方框，再单击模型中的前面，单击"边侧面组 2"方框，再单击模型中的底面，单击█按钮，结果如图 3-48（b）所示。

图 3-46　变半径圆角

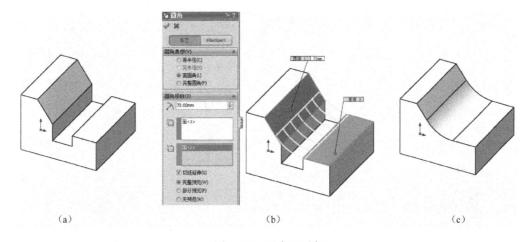

（a）　　　　　　　　　　（b）　　　　　　　　　　（c）

图 3-47　混合面圆角

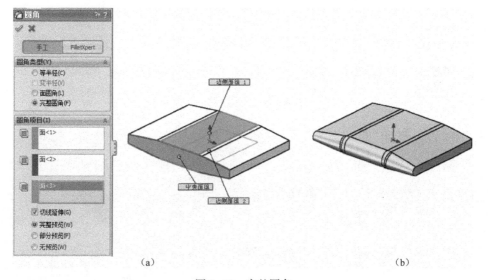

（a）　　　　　　　　　　　　　　　（b）

图 3-48　完整圆角

二、倒角特征

倒角特征是通过选取零件的边线或面在零件上产生一个斜面。倒角的参数有：角度距离、距离－距离、顶点。

1. 角度距离

打开图3-31所示的螺母模型,将光标放在设计树下端横线(退回棒)处,光标呈"手状",如图3-49所示,将该退回棒朝上拖动到"切除-旋转3"特征下面(此时模型中没有螺纹),单击"🔲倒角"按钮或单击菜单"插入(I)"/"特征(F)"/"🔲倒角(C)…"命令,在图3-50所示的"倒角"属性面板中,激活"倒角参数(C)"中的"🔲边线和面或顶点"方框,单击螺母中间的圆柱孔两端边线或圆柱面,选中"角度距离(A)"单选按钮,在"🔲距离"文本框中输入"2",在"🔲角度"文本框中输入"45"(默认值),单击🔲按钮。将设计树中的退回棒拖回最下端。

图3-49 螺母各特征

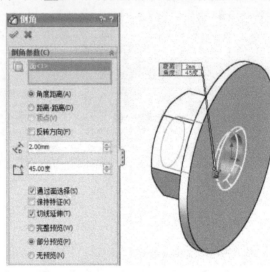

图3-50 角度距离设置

2. 距离 – 距离

打开图3-12所示的拉伸切除模型,单击"🔲倒角"按钮,在"倒角"属性面板的"倒角参数(C)"中激活"🔲边线和面或顶点"方框,选中"距离–距离(D)"单选按钮,在"🔲距离1"文本框中输入"5",在"🔲距离2"文本框中输入"10",单击模型右前方下端边线,观察预览效果,如果切除距离不符合要求,可修改图3-51(a)标签中的数值,单击🔲按钮,结果如图3-51(b)所示。

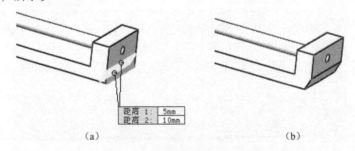

(a)   (b)

图3-51 倒角参数距离 – 距离

3. 顶点

仍以图3-12所示的拉伸切除模型为例,单击"🔲倒角"按钮,在"倒角"属性面板中选中"顶点(V)"单选按钮,单击模型前端顶点,在图3-52(a)标签中分别输入"距离1:15"

"距离 2：15""距离 3：8"，单击 ☑ 按钮，结果如图 3-52（b）所示。

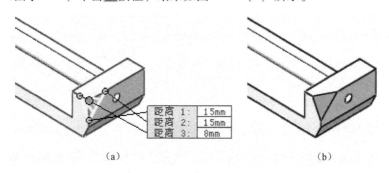

（a）　　　　　　　　　　　　　　（b）

图 3-52　倒角参数顶点

三、拔模斜度特征

拔模是为了在模具浇注后能有一定斜度让成形物顺利脱模而在零件设计中故意设计成有一定斜度。操作时，选取一些模型面按指定方向生成一定角度的斜面。拔模可分中性面拔模、分型线拔模和阶梯拔模。通常在进行拔模前，需做分模线。

1. 中性面拔模

选取一个平面或基准面为中性面，拔模角度垂直于中性面。

按图 3-53（a）所示建立一长方体模型，单击"🖼拔模"按钮或单击菜单"插入(I)"/"特征(F)"/"🖼拔模(D)…"命令，在"拔模"属性面板中，单击"手工"标签，在"拔模类型(T)"中选中"中性面(E)"单选按钮，在"🖼拔模角度"文本框中输入"10"，"中性面"中选择长方体下底面，激活"拔模面(F)"方框，单击模型右侧面，观察模型中的箭头，箭头朝上，产生模型上小下大，单击 ☑ 按钮，结果如图 3-53（b）所示。如发现拔模方向有误，单击"🖊反向"按钮。

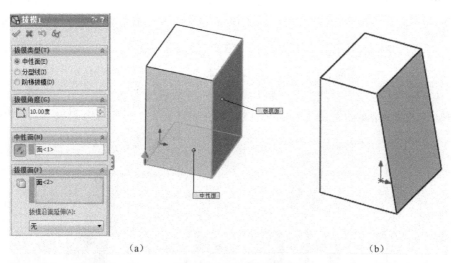

（a）　　　　　　　　　　　　　　（b）

图 3-53　中性面拔模

2. 分型线拔模

选取一条分割线为分型线，指定拔模方向和角度生成拔模特征。

以图 3-53 (a) 所示建立一长方体模型为例，单击"前视基准面"绘制草图，单击"样条曲线(S)"按钮，画一条如图 3-54 (a) 所示的样条曲线，单击菜单"插入(I)"/"曲线(U)"/"分割线(S)..."命令，在"分割线"属性面板中选中"投影(P)"单选按钮，在"要分割的面"中单击模型前面，单击按钮。在长方体模型的前面有一段样条曲线，该面以样条曲线为分界线被分割成上下两部分。单击"拔模"按钮，在"拔模类型(T)"中选中"分型线(I)"单选按钮，输入拔模角度"10"，"拔模方向"单击模型左侧棱线，观察箭头（箭头表示拔模方向），如图 3-54 (b) 所示，单击"反向"按钮，箭头朝上，在"分型线"中选择模型中的分割线，单击按钮，结果如图 3-54 (c) 所示。如发现拔模面有误，单击设计树中该拔模特征，单击"编辑特征"按钮，在"拔模"属性面板的"分型线"中选择"其他面"选项，只要单击该选项即可改变拔模面。

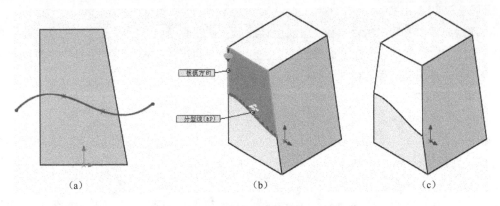

(a)　　　　　　　　　　(b)　　　　　　　　　　(c)

图 3-54　分型线拔模

3. 阶梯拔模

选取一个基准面和一条分割线为参考面和分型线，指定拔模方向和角度生成拔模特征。

（1）锥形阶梯(R)：编辑图 3-54 所示拔模特征，单击设计树中该拔模特征，单击"编辑特征"按钮，将"拔模类型"改为"阶梯拔模"，选中"锥形阶梯(R)"，"拔模方向"单击长方体下底面，观察箭头，单击"反向"按钮，箭头朝上，单击按钮，结果如图 3-55 (a) 所示。

（2）垂直阶梯(C)：再编辑图 3-54 拔模特征，将"拔模类型"改为"阶梯拔模"，选中"垂直阶梯(C)"，单击按钮，结果如图 3-55 (b) 所示。

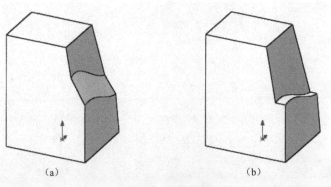

(a)　　　　　　　　　　　(b)

图 3-55　阶梯拔模

同样"拔模方向"的箭头由"反向"按钮控制，拔模面由"分型线"下的"其他面"选项控制。

四、孔特征

孔特征可以在模型表面生成各种类型的孔，根据孔的形状可分为：简单直孔、异型孔向导。

1. 简单直孔

在模型面上产生直孔，然后借助尺寸标注和添加几何关系确定孔的位置。

（1）在平面上钻孔：打开图3-12所示的拉伸切除模型，单击"简单直孔"按钮或单击菜单"插入(I)"/"特征(F)"/"孔(H)"/"简单直孔(S)…"命令，单击圆台上顶面（需要钻孔的平面），在"孔"属性面板（与"拉伸-切除"属性面板基本相同）中，"方向1"选择"完全贯穿"，孔直径输入"10"（见图3-56），单击☑按钮。

图3-56　简单直孔

（2）编辑简单直孔：刚才所建孔的中心是鼠标随意在圆台面上单击而定，因此，其位置需作修改。单击设计树中的"孔"特征，单击"编辑草图"按钮，孔的中心与圆台上顶圆添加"同心"几何关系；如果需修改圆孔的直径，在此草图中可直接修改，退出并保存草图。如对孔的终止形式等需作修改，单击"孔"特征，单击"编辑特征"按钮即可。

2. 异型孔向导

异型孔向导用于钻柱孔、锥孔等快速钻孔场合，并且能直接作出螺纹的习惯画法（装饰螺纹线），是一种很方便的钻孔方式。

（1）在平面上钻孔：再次打开图3-12所示的拉伸切除模型，单击"异型孔向导"按钮或单击菜单"插入(I)"/"特征(F)"/"孔(H)"/"向导(W)…"命令，单击圆台上顶面（需要钻孔的平面），在"孔规格"属性面板中，按图3-57所示选择孔类型、标准、标准件类型、孔规格、终止条件等，单击"位置"标签，单击圆台上顶面（需要钻孔的平面），如需钻多个孔，只要在需钻孔的面上单击即可，单击☑按钮。

（2）编辑异型孔：刚才所建的沉孔尺寸偏大，已将圆台上顶面几乎切去，单击设计树中的"孔"特征，单击"编辑特征"按钮，将"孔规格"改成"M6"，单击☑按钮。

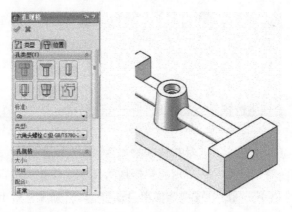

图 3-57　异型孔

（3）编辑异型孔的中心位置：孔的中心位置也需要修改，单击"孔"特征前的"⊞"符号，单击第一个草图，如图 3-58 所示，单击"编辑草图"按钮，孔的中心与圆台上顶圆添加"同心"几何关系，单击☑按钮，退出草图。

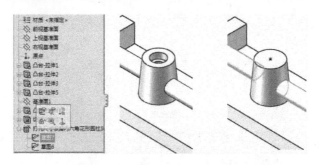

图 3-58　编辑异型孔中心位置

（4）编辑异型孔大小：单击第二个草图，单击"编辑草图"按钮，可修改沉孔的尺寸，如图 3-59 所示。

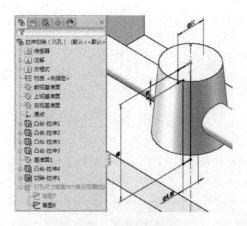

图 3-59　编辑异型孔大小

（5）装饰螺纹：如果所钻的孔为螺纹孔，在"孔规格"属性面板的"孔类型（T）"中选择"直螺纹孔"，如需要显示装饰螺纹，则应选择面板中"选项"下的"装饰螺纹线"。

五、抽壳特征

抽壳是将一个模型按指定的厚度生成薄壁特征。生成抽壳特征时要有一个或几个移除面，而薄壁特征的不同面可以有不同厚度。

打开图3-28所示的化妆瓶模型，在化妆瓶顶面添加一个凸台特征。单击化妆瓶顶面，单击"图草图绘制"按钮，单击"图转换实体引用"按钮，将化妆瓶顶面圆引用到当前草图，将其拉伸15 mm，如图3-60所示。

图3-60 化妆瓶加凸台过程

（1）壁厚相同：单击"图抽壳"按钮或单击菜单"插入(I)"/"特征(F)"/"图抽壳(S)…"命令，出现图3-61（a）所示的"抽壳"属性面板，在"图厚度"文本框中输入"1"，激活"图移除的面"方框，单击化妆瓶顶面，单击图按钮，结果如图3-61（b）所示。

（2）多种壁厚：单击设计树中的"抽壳"特征，单击"编辑特征"按钮，再激活"抽壳"属性面板中的"多厚度设定(M)"方框，单击化妆瓶底面，在"图多厚度"文本框中输入"4"，单击图按钮，结果如图3-61（c）所示。

（a）　　　　　　　　　　　（b）　　　　　　　（c）

图3-61 抽壳特征

六、筋特征

所谓"筋"是指"加强筋"，是利用一个或多个开环或闭环的轮廓草图在零件上产生一个指定拉伸厚度和材料添加方向的实体特征。

【实例3-10】 完成图3-62所示的机械零件三维建模。

分析：该零件可以认为是以"前视基准面"为对称中心面的零件，其主要特征都在平行于"上视基准面"的平面上。

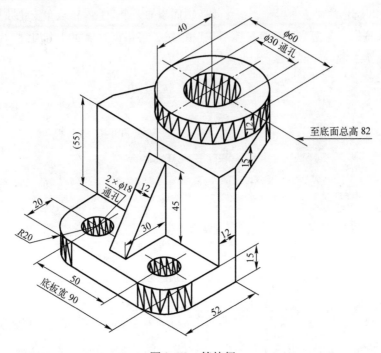

图3-62　筋特征

操作步骤

步骤1：底板建模

（1）绘制底板草图：选择"上视基准面"，绘制如图3-63（a）所示草图。其中，两个圆孔与两圆角"同心"，因此省略标注圆心位置尺寸。

（2）拉伸凸台/基体：单击"拉伸凸台/基体"按钮，输入拉伸深度"15"，单击✅按钮，结果如图3-63（b）所示。

步骤2：竖板建模

（1）绘制支承板草图：单击底板顶面，单击"草图绘制"按钮，单击"转换实体引用"按钮，底板截面轮廓引用到当前草图，单击"直线"工具，绘制一条竖线并标注尺寸，单击"剪裁实体（T）"按钮，在"剪裁"属性面板中选择"剪裁到最近端（T）"，将直线左边的线条剪去，如图3-63（c）所示。

（2）拉伸凸台/基体：单击"拉伸凸台/基体"按钮，输入拉伸深度"55"，单击✅按钮。

步骤3：圆柱及支承板建模

（1）绘制圆柱及支承板草图：单击竖板顶面，单击"草图绘制"按钮，单击"转换实体引用"按钮，竖板截面轮廓引用到当前草图；单击"中心线（N）"按钮，过坐标原点绘制一条水平中心线；单击"圆（R）"按钮，绘制两个同心圆，圆心在中心线上；单击"直线"按钮，

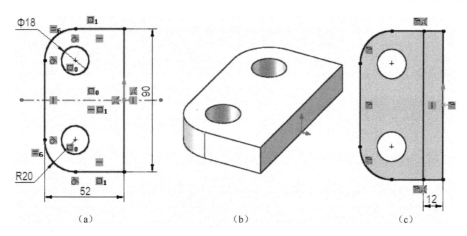

| (a) | (b) | (c) |

图 3-63　筋特征底板与竖板建模

绘制两条过竖板角点且与大圆相切的直线，标注尺寸。单击"剪裁实体（T）"按钮，在"剪裁"属性面板中选择"剪裁到最近端（T）"，将右边直线剪去，如图 3-64 所示。

（2）拉伸凸台/基体：单击"拉伸凸台/基体"按钮，在"凸台－拉伸"属性面板中，激活"所选轮廓（S）"方框，选择圆环，单击"方向 1"，输入拉伸深度"12"，单击"方向 2"，输入拉伸深度"15"，单击按钮；在设计树中单击"凸台拉伸 3"前的"⊞"符号，单击下面的草图，在快捷菜单中选择"显示"选项并单击该草图，确保其处于被选中状态（草图线条呈淡蓝色）。单击"拉伸凸台/基体"按钮，在"凸台－拉伸"属性面板中，激活"所选轮廓（S）"方框，选择剩余草图轮廓，在"拉伸终止条件类型"中选择"成形到一面"，单击圆柱下端面，单击按钮。

步骤 4：筋板建模

（1）绘制筋板草图：单击"前视基准面"，单击"草图绘制"按钮，在底板与竖板之间画一条斜线，直线的两端点必须与这两块板的轮廓线重合（见图 3-65），标注尺寸。

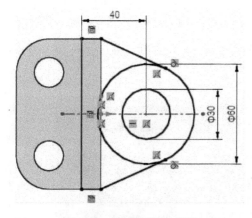

图 3-64　筋特征圆柱建模

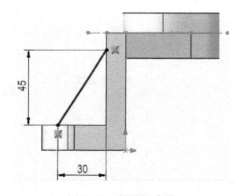

图 3-65　筋特征建模

（2）筋特征：单击"筋"按钮或单击菜单"插入（I）"/"特征（F）"/"筋（R）…"命令，显示图 3-66 所示的"筋"属性面板，在"参数（P）"下面的"厚度"选项组中单击"两侧"

按钮，在"筋厚度"文本框中输入"12"，观察模型中筋拉伸的箭头方向（箭头应该指向底板或竖板），发现不符，选中"反转材料方向(F)"复选框或单击"、拉伸方向"按钮，单击按钮，结果如图3-67所示。

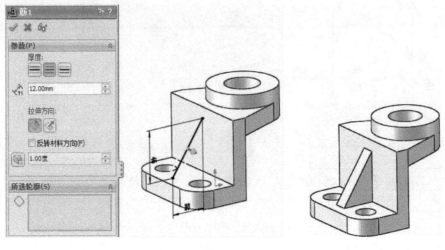

图3-66 筋板建模   图3-67 筋特征模型

七、圆顶特征

圆顶命令的功能就如同运动场上加一个球形盖子。它可生成凸起和凹陷的圆顶，椭圆圆顶只能在圆面上生成。

建立一长方体模型，单击"圆顶"按钮或单击菜单"插入(I)"/"特征(F)"/"圆顶(O)…"命令，显示图3-68所示的"圆顶"属性面板，激活"到原顶的面"方框，单击模型顶面，输入距离"100"，观察模型，单击"反向"按钮，可改变圆顶的凸凹，结果如图3-69（a）所示；右击设计树中的"圆顶"特征，在弹出的快捷菜单中选择"删除"命令，将圆顶特征删除，在长方体顶面作一圆柱，如图3-69（b）所示，单击"圆顶"按钮，距离仍然是"100"，观察模型，选中"椭圆圆顶(E)"复选框，单击按钮，结果如图3-69（c）所示。

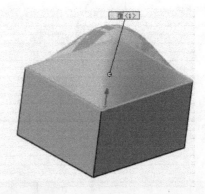

图3-68 创建圆顶特征

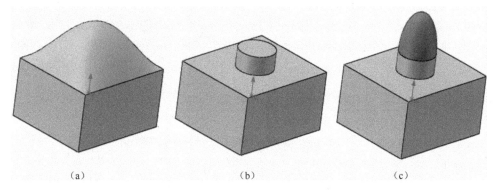

（a） （b） （c）

图3-69 圆顶特征模型

第三节 实体特征复制

当要建立多个相同结构的特征时，最简单快捷的方法当属复制。

一、线性阵列

线性阵列可建立复制特征，并采用方向、距离和复制实例数来操作复制特征。复制实例是以原来的特征建立的，原来的特征被修改，实例特征也会跟着改变。复制排列的方向可以是边缘、基准轴、临时轴等。

【实例3-11】完成图3-70所示的手机面板模型三维建模。

分析：该模型可以认为是以"前视基准面"为中心面的对称零件，其主要特征都在平行于"上视基准面"的平面上。

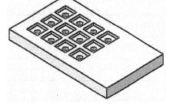

操作步骤

图3-70 手机面板模型

步骤1：拉伸凸台/基体

（1）在"上视基准面"上绘制一长方形，如图3-71（a）所示。

（2）单击"□拉伸凸台/基体"按钮，产生拉伸基体特征，终止条件类型为"给定深度"，深度为"8"，单击☑按钮。

步骤2：按键孔造型

（1）在模型上表面绘制如图3-71（b）所示草图。

（2）利用"所选轮廓"分两次切除凹槽和孔，单击"拉伸切除"按钮，终止条件类型为"给定深度"，深度为"2"，激活"所选轮廓"，单击正方形，单击☑按钮，完成凹槽建模；再单击"拉伸切除"按钮，"所选轮廓"为圆，终止条件类型为"完全贯穿"，结果如图3-71（c）所示。

步骤3：线性阵列

单击"▦线性阵列"按钮或单击菜单"插入（I）"/"阵列/镜向（E）"/"▦线性阵列（L）..."命令，出现图3-72所示的"阵列（线性）"属性面板，激活"方向1"中的"阵列方向"方框，单击长方体的长边，在"☒间距"文本框中输入"13"，在"☵实例数"文本框中输入"4"；激活"方向2"中的"阵列方向"方框，单击长方体的短边，在"☒间距"文本框中输入"13"，在"☵实例数"文本框中输入"3"；激活"☒要阵列的特征（F）"方框，单击绘图区域

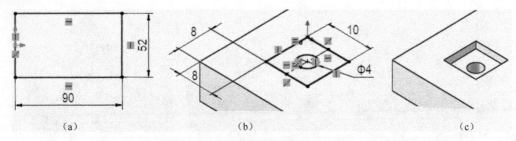

（a）　　　　　　　　　　　　（b）　　　　　　　　　　　　（c）

图 3-71　手机面板凹槽和孔的建模

的凹槽和圆孔，观察两方向的特征个数、复制方向（看模型中的箭头）和间距，如方向相反，可选中"反向"复选框，单击 ✓ 按钮。

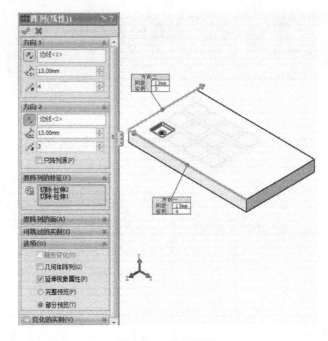

图 3-72　线性阵列

二、圆周阵列

圆周阵列的阵列轴可选基准轴或特征的棱线等。

【实例 3-12】完成图 3-73 所示的基座模型三维建模。

分析：该零件大部分结构都是回转体，底面上有四个圆锥孔。

操作步骤

步骤 1：旋转凸台/基体

在"前视基准面"上绘制图 3-74（a）所示草图，产生旋转基体特征。

步骤 2：作圆锥孔

单击"🔳异型孔向导"按钮，单击"类型"标签，选择

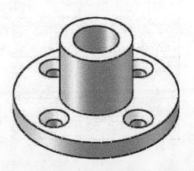

图 3-73　基座模型

"锥形沉头孔"，标准选用"GB"，"孔规格"选择"M10"，终止条件类型为"完全贯穿"；单击"位置"标签，单击旋转模型上表面，如图3-74（b）所示，单击✓按钮。

步骤3：修改圆锥孔

展开"异型孔特征"，单击表示孔中心草图并进行编辑，以坐标原点为圆心画圆，在"圆"属性面板的"选项（O）"中选中"作为构造线（C）"复选框，标注圆直径尺寸。孔中心与构造线圆添加"重合"几何条件，与坐标原点添加"水平"几何条件，如图3-74（c）所示，退出并保存草图。

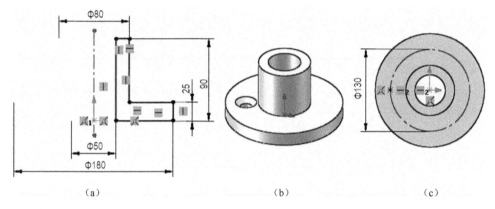

（a）　　　　　　　　　　　（b）　　　　　　　　　　　（c）

图3-74　基座孔建模

步骤4：圆周阵列

（1）作基准轴：基准轴可以根据需要生成。它的生成方式有以下几种（见图3-75）：

① "一直线/边线/轴（O）"：可以通过存在的一条直线、模型边线或临时轴生成基准轴。

② "两平面（T）"：利用两个平面（可以使基准面）的交线生成基准轴。

③ "两点/顶点（W）"：通过两个点（顶点、点或中点）生成基准轴。

④ "圆柱/圆锥面（C）"：选择一圆柱面或圆锥面，系统将抓取其临时轴生成基准轴。

⑤ "点和面/基准面（P）"：通过一点并垂直于某一曲面或基准面生成基准轴。

图3-75　"基准轴"
属性面板

单击"🖉基准轴"按钮或单击菜单"插入（I）"/"参考几何体（G）"/"🖉基准轴（A）"…命令，在"基准轴"属性面板中选择"圆柱/圆锥面（C）"，单击模型的圆柱面，单击✓按钮，在设计树中出现"基准轴1"。

（2）阵列圆锥孔：单击"🖾圆周阵列"按钮或单击菜单"插入（I）"/"阵列/镜向（E）"/"🖾圆周阵列（C）"…"命令，在图3-76所示的"圆周阵列"属性面板中，激活"参数（P）"下面的"阵列轴"方框，单击"基准轴1"，在"🖳角度"文本框中输入"360"，在"🖾实例数"

文本框中输入"4"，选中"等间距(E)"复选框，激活"⚙要阵列的特征(F)"方框，选择模型中的异型孔特征，单击☑按钮。

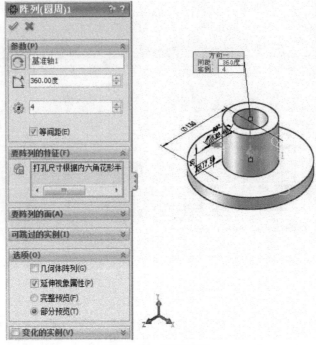

图 3-76　圆周阵列

线性阵列和圆周阵列不但可以阵列已建的特征，还可以阵列面和实体，如果在阵列过程中有些位置不希望产生特征，可激活"可跳过的实例(I)"，单击模型中已预览的特征位置即可，如图 3-77 所示。

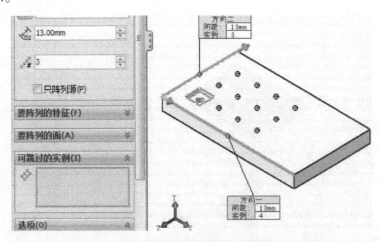

图 3-77　阵列可跳过的实例

三、镜向特征

镜向可采用平面来复制特征，复制的特征需要以原来的特征为主。若改变原特征，则复制的特征也将随之变化。

镜向特征主要是生成现有零件的镜像零件。

【实例3-13】完成图3-78所示模型。

分析：该零件左右对称，其主要特征都在平行于"右视基准面"的平面上。

操作步骤

步骤1：拉伸凸台/基体

以"右视基准面"为作图面，绘制图3-79（a）所示草图，分别拉伸草图轮廓，其深度为"10"和"50"，如图3-79（b）所示。

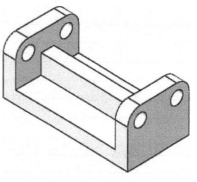

图3-78 镜向模型

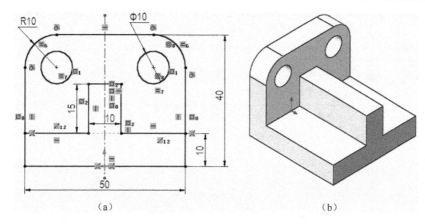

（a） （b）

图3-79 镜向实体模型

步骤2：镜向实体

单击"⬚镜向"按钮或单击菜单"插入(I)"/"阵列/镜向(E)"/"⬚镜向(M)…"命令，在图3-80所示的"镜向"属性面板中，激活"⬚镜向面/基准面(M)"方框，选择模型右前方的面，激活"⬚要镜向的实体(B)"方框，选择模型，选择"选项(O)"下的"合并实体(R)"复选框，单击☑按钮，完成镜向实体操作。

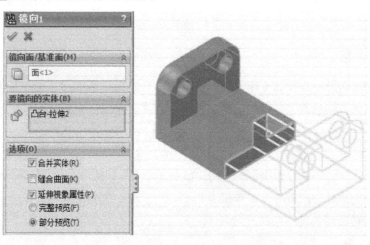

图3-80 镜向实体

第四节　基础曲面造型

曲面是一种可以产生实体特征为零厚度的几何体，一般统称为曲面实体。表 3-2 所示为常用创建曲面特征的命令及其基本功能。

表 3-2　常用创建曲面特征的命令及其基本功能

特征命令及按钮		基 本 功 能
曲面特征	拉伸曲面	生成一拉伸曲面
	旋转曲面	通过绕一轴心旋转一开环或闭合轮廓从而生成一曲面特征
	扫描曲面	通过沿一开环或闭合路径来扫描一开环或闭合轮廓从而生成一曲面特征
	放样曲面	在两个或多个轮廓之间生成一个放样曲面
	平面区域	使用草图或一组边线来生成平面区域
曲面处理	等距曲面	使用一个或多个相邻的面来生成等距曲面
	延展曲面	从一条平行一基准面的边线开始来延展曲面
	填充曲面	在现有模型边线、草图或曲面所定义的边框内建造一曲面修补
	输入几何体	插入实体或曲面到现有打开的文件中
	延伸曲面	根据终止条件和延伸类型来延伸边线、多条边线或曲面上的面
	剪裁曲面	在一曲面与另一曲面、基准面或草图交叉处剪裁曲面
	解除剪裁曲面	通过延展曲面来修补曲面孔和外部边线
	缝合曲面	将两个或多个相邻、不相交的曲面组合在一起
曲面编辑	中面	在等距面组之间生成中面
	删除面	从实体删除面以生成曲面，或从曲面实体删除面
	替换面	替换实体或曲面实体上的面

在制作曲面时，可单击"曲面"工具栏中的按钮，也可单击图 1-15 所示的 CommandManager 工具栏中的"曲面"标签（如无该标签，按图 1-16 选择"曲面"工具栏），选择其中的工具即可。

一、曲面特征

曲面的生成一般有如下几种方法：从一组闭环边线插入一个平面，该闭环边线位于草图或基准面上；从草图拉伸曲面、旋转曲面、扫描曲面或者放样曲面；从已有的面等距曲面；从已有的文件中输入；在双对面之间生成曲面。

1. 拉伸曲面

拉伸是由直线或样条曲线草图沿一方向扫掠而形成的。该命令与拉伸凸台/基体相似，但拉伸所产生的特征为纯粹曲面特征，其体积为零。被拉伸草图可封闭或开放。

生成一个拉伸曲面，需进行如下操作：

新建一个文件并命名为"拉伸曲面"。

（1）选择"前视基准面"，绘制如图 3-81 所示草图。

（2）单击"⊞拉伸曲面"按钮或单击菜单"插入（I）"/"曲面（S）"/"⊞拉伸曲面（E）…"命令，出现"曲面－拉伸"属性面板，如图3-82所示。

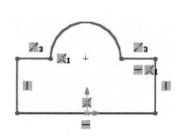

图3-81 拉伸曲面草图

图3-82 "曲面－拉伸"属性面板

（3）启用"方向1"，在终止条件类型为"给定深度"，在"⊞深度"文本框中输入"50"，单击☑按钮，生成如图3-83（a）所示的拉伸曲面。如果觉得拉伸方向有误，可单击"⊞反向"按钮，改变曲面拉伸方向。

（4）单击设计树中的"曲面－拉伸"特征名称，在快捷菜单中选择"编辑特征"命令，在"曲面－拉伸"属性面板中选中"封底"复选框，单击☑按钮，结果如图3-83（b）所示。

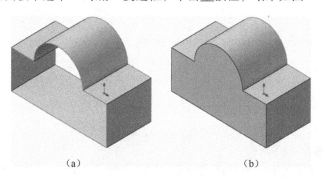

（a）　　　　　　　　　　（b）

图3-83 拉伸曲面效果

2. 旋转曲面

旋转曲面是将一条轮廓线绕轴线旋转一定角度形成的一种曲面。该命令与旋转凸台/基体相似，但前者所产生的特征为纯粹曲面特征，其体积为零。被旋转草图可封闭或开放。

生成一个旋转曲面，需要进行如下操作：

（1）选择"前视基准面"，绘制如图3-84所示草图。

（2）单击"⊞旋转曲面"按钮或单击菜单"插入（I）"/"曲面（S）"/"⊞旋转曲面（R）…"命令，出现"曲面－旋转"属性面板，如图3-85所示。

（3）启用"方向1"，在"旋转类型"下拉列表框中选择"两侧对称"，在"⊞角度"文本框中输入"180"单击☑按钮，生成图3-86所示的旋转曲面。如果觉得拉伸方向有误，可单击"⚡反向"按钮，改变曲面旋转方向。

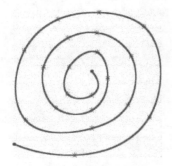

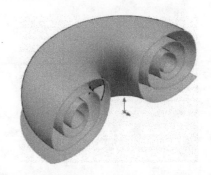

图3-84 旋转曲面草图　　　图3-85 "曲面-旋转"属性面板　　　图3-86 旋转曲面效果

"旋转轴"方框中默认显示的旋转曲面中心线是草图中的中心线。如果需要改变旋转轴，只要激活"旋转轴（A）"方框，右击并选择"清除选择"选项，再在草图区域选择所需直线。

3. 扫描曲面

扫描曲面是指沿着一条曲线移动轮廓而生成的曲面。扫描曲面的路径线和轮廓线可以是封闭的，也可以是开放的。但路径线的起点必须位于轮廓线所在的基准面上，最好路径线与轮廓线所在基准面垂直，扫描后生成的曲面不允许有自相交现象。

生成扫描曲面的基本方法：

（1）选择"前视基准面"，绘制如图3-87（a）所示样条曲线。注意控制曲线的弯曲程度，样条曲线必须超过或与草图轮廓所在的面相交，退出并保存草图。

（2）选择"上视基准面"，过坐标原点画一圆，在圆周上绘制一个点，该点与样条曲线添加"穿透"几何条件，如图3-87（b）所示，退出并保存草图。

（3）单击"⊆扫描曲面"按钮或单击菜单"插入（I）"/"曲面（S）"/"⊆扫描曲面（S）…"命令，出现"曲面-扫描"属性面板，如图3-88所示。

（4）激活"曲面-扫描"面板的"轮廓和路径（P）"下的"⊆轮廓"方框，在绘图区域中选择要扫描的轮廓（圆），相应的草图名称显示在"轮廓"方框中；用同样的方式激活"⊆路径"，选择路径草图（样条曲线）。单击☑按钮，结果如图3-89所示。

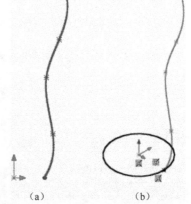

图3-87 扫描曲面路径与轮廓草图

（5）单击设计树中的"曲面-扫描"特征名称，在快捷菜单中选择"编辑特征"，展开"曲面-扫描"面板中的"起始处/结束处相切（T）"，"起始处相切类型（S）："与"结束处相切类型（V）："均选择"路径相切"，单击☑按钮，观察模型变化。

使用引导线生成扫描曲面的方法：

使用引导线来生成扫描曲面时，引导线控制扫描曲面的截面形状尺寸。引导线与轮廓线之间必须建立"穿透"几何条件。

图 3-88　"曲面-扫描"属性面板

图 3-89　扫描曲面效果

新建一个文件并命名为"使用引导线扫描曲面"。

（1）选择"前视基准面"，绘制如图 3-90（a）所示样条曲线，退出并保存草图，完成"草图 1"。

（2）选择"前视基准面"，绘制如图 3-90（a）所示样条曲线，退出并保存草图，完成"草图 2"。

（3）单击"基准面"添加工具，"第一参考"选择"草图 1"样条曲线，"第二参考"选择该曲线右端点，作一个过曲线端点且在该点与曲线垂直的"基准面 1"，单击✓按钮。

（4）选择"基准面 1"，绘制一个过坐标原点的圆，圆心与"草图 1"的样条曲线添加"穿透"几何条件，圆周与"草图 2"的样条曲线添加"穿透"几何关系（在圆周上先画一点，点与曲线穿透），如图 3-90（b）所示，退出并保存草图。

（5）单击" 扫描曲面"按钮，激活"曲面-扫描"面板的"轮廓和路径(P)"下的" 轮廓"方框，在绘图区域中选择要扫描的轮廓（圆），相应的草图名称显示在"轮廓"方框中；用同样的方式激活" 路径"，选择路径草图（草图 1）；展开并激活"引导线（C）"方框，选择作为引导线的"草图 2"，单击✓按钮，结果如图 3-90（c）所示。

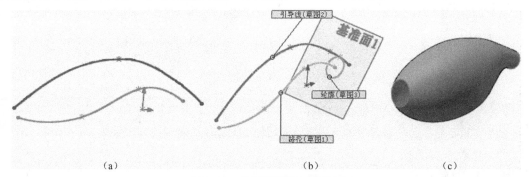

（a）　　　　　　　　　　　　（b）　　　　　　　　　　　　（c）

图 3-90　使用引导线扫描曲面

4. 放样曲面

放样曲面又称蒙皮曲面，指通过一组有序的轮廓来拟合的曲面，通常采用两条或两条以上轮廓线。与扫描曲面相比，放样曲面的造型功能更强、方法更灵活。

生成放样曲面的基本方法：

（1）选择"右视基准面"，单击"基准面"添加工具，"第一参考"即为"右视基准面"，在"距离"文本框中输入"80"，建成"基准面1"，使用同样的方法再创建"基准面2"，与"基准面1"距离也是"80"，单击☑按钮。

（2）选择"右视基准面"，绘制一个圆心在坐标原点，半径为"50"的圆，退出并保存草图。

（3）选择"基准面1"，用"中心矩形"工具绘制"100×100"的矩形，矩形中心点在坐标原点上，退出并保存草图。

（4）选择"基准面2"，用"椭圆"工具绘制一个长轴为"40"，短轴为"30"的椭圆，椭圆长轴在水平位置，中心在坐标原点，退出并保存草图。3个草图如图3-91所示。

（5）单击"📖放样曲面"按钮或单击菜单"插入"/"曲面（S）"/"📖放样曲面（L）…"命令，弹出"曲面-放样"属性面板，如图3-92所示。激

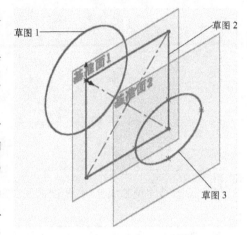

图3-91　曲面-放样草图

活"轮廓（P）"方框，在绘图区域中分别选择要放样的"草图1""草图2""草图3"，相应的草图名称显示在"轮廓"方框中，单击☑按钮，结果如图3-93所示。

图3-92　"曲面-放样"属性面板

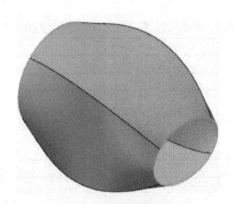

图3-93　放样曲面效果

【实例3-14】作一带尖嘴圆台形量杯。

分析：量杯主体部分是圆台，可用旋转曲面作，倒液体的嘴用放样来完成。

操作步骤

步骤1：旋转曲面

新建一个文件并命名为"量杯曲面造型"。

（1）选择"前视基准面"，绘制如图3-94（a）所示的草图。

（2）用"旋转曲面"工具将草图旋转360°，建成一个圆台曲面。

步骤2：作辅助基准面

选择圆台曲面上端圆周，用"基准面"工具作一个过该圆周的"基准面1"。

步骤3：作放样曲面

（1）选择"基准面1"，绘制如图3-94（b）所示的草图，退出并保存草图。

（2）选择"前视基准面"，用"⬛点（O）"工具绘制点，在圆台轮廓线上画一点，该点和"基准面1"的距离为"20"，如图3-94（c）所示，退出并保存草图。

（3）单击"⬛放样曲面"按钮，分别选择上面所作的两个草图，单击☑按钮，结果如图3-94（d）所示。该曲面现在还有缺陷，有待处理。

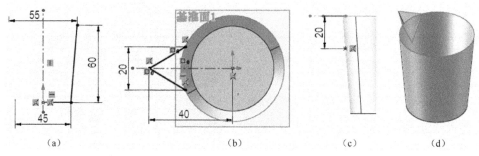

| （a） | （b） | （c） | （d） |

图3-94　量杯曲面造型

引导线放样曲面的生成方法：

引导线可以是平面轮廓线或空间轮廓线，引导线与各轮廓线必须有"穿透"的关系。

（1）选择"右视基准面"，单击"基准面"添加工具，"第一参考"即为"右视基准面"，在"距离"文本框中输入"50"，建成"基准面1"，使用同样的方法再创建"基准面2"和"基准面3"，各基准面之间的距离都是"50"，单击☑按钮。

（2）选择"右视基准面"，绘制一个圆心在坐标原点，直径为"50"的圆，退出并保存草图。

（3）选择"基准面1"，用"中心矩形"工具绘制"60×40"的矩形，矩形中心点在坐标原点上，矩形长边水平放置，退出并保存草图。

（4）选择"基准面2"，用"中心矩形"工具绘制"40×60"的矩形，矩形中心点在坐标原点上，矩形长边竖直放置，退出并保存草图。

（5）选择"基准面3"，单击"⬛转换实体引用"按钮，将"草图1"转换到当前草图，退出并保存草图。图3-95所示为所绘制的各草图轮廓。

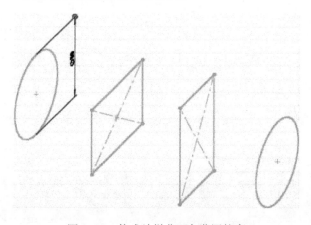

图3-95　构成放样曲面各草图轮廓

（6）选择"前视基准面"，用"样条曲线"工具绘制一条样条曲线，注意样条曲线在各草图面附近应有型值点，这些点与各草图轮廓添加"穿透"几何条件，调整曲线的完全程度，如图3-96（a）所示，退出并保存草图。

（7）单击" 放样曲面"按钮，在"曲面-放样"属性面板中，激活"轮廓（P）"方框，在绘图区域中分别选择要放样的"草图1""草图2""草图3""草图4"，展开并激活"引导线（G）"方框，选择绘图区域中的样条曲线，观察曲线变化，单击 按钮，结果如图3-96（b）所示。

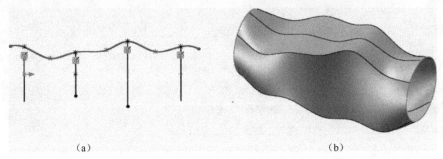

（a）　　　　　　　　　　　　　　　　　（b）

图3-96　带引导线放样曲面

中心线放样曲面的生成方法：

放样的轮廓曲线可以是实体模型边线、草图、空间轮廓的分割线。

新建一个文件并命名为"中心线放样曲面"。

（1）选择"右视基准面"，单击"基准面"添加工具，添加一个与"右视基准面"平行，距离为"120 mm"的"基准面1"，单击 按钮。

（2）选择"右视基准面"，用"多边形"工具绘制一个中心在坐标原点，边长为"50 mm"的正三角形，其中一条边必须水平放置，退出并保存草图。

（3）选择"基准面1"，用"多边形"工具绘制一个中心在坐标原点，边长为"40 mm"的正五边形，其中一条边必须水平放置，退出并保存草图。图3-97所示为所绘制的两草图轮廓。

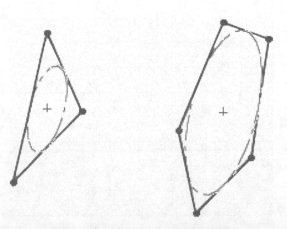

图3-97　构成中心线放样曲面两草图轮廓

（4）选择"前视基准面"，用"三点圆弧(T)"工具绘制一条圆弧，注意圆弧必须穿过各草图轮廓（不需添加任何条件），调整圆弧的弯曲程度，如图3-98（a）所示，退出并保存草图。

（5）单击"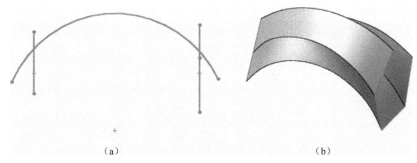放样曲面"按钮，显示"曲面-放样"属性面板，在"轮廓(P)"方框中选择两个草图轮廓，展开并激活"中心线参数(I)"方框，在绘图区域中选择圆弧，观察曲线变化，单击☑按钮，结果如图3-98（b）所示。

（a）　　　　　　　　　　　　　　　　（b）

图3-98　中心线放样曲面

5. 平面区域

平面区域是在非相交、单一轮廓的闭环草图上生成一个平面。有两种方法可生成平面区域。

（1）将当前草图转换成平面区域。选择"前视基准面"，如图3-99（a）所示，画任意一个封闭的草图，单击"平面区域"按钮或单击菜单"插入(I)"/"曲面(S)"/"平面区域(P)…"命令，在图3-99（b）所示的"平面"属性面板的"边界实体(B)"方框中，草图已被选中，单击☑按钮。

（2）将实体上的轮廓线转换成平面区域。打开图3-83所示的拉伸曲面模型，对该曲面进行编辑，在"曲面-拉伸"属性面板中，取消选中"封底"复选框。单击"平面区域"按钮，在"平面"属性面板的"边界实体(B)"方框中，选择曲面端面的六条边线，单击☑按钮。在设计树中单击"曲面拉伸"按钮，在快捷菜单中单击"隐藏"按钮，在绘图窗口中只有刚创建的平面，如图3-100所示。

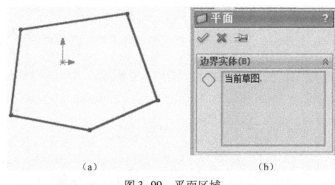
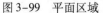

（a）　　　　　　　　　　　　　　　　（b）

图3-99　平面区域

图3-100　轮廓线转换成平面区域

二、曲面处理

曲面处理是指对已生成的曲面进行增加、减少和修改等操作。它是最终完成复杂曲面造型的重要操作，可使造型后的复杂曲面能够满足各种产品的需要。

1. 圆角曲面

圆角曲面是对已生成的曲面的棱边进行倒圆角（修改）处理，使得处理后的曲面棱边更圆滑。具体有基本曲面倒圆角操作方法和曲面混合倒圆角操作方法。

（1）基本曲面倒圆角操作方法：

① 在"上视基准面"上绘制首尾连接的 4 条曲线（如直线、样条曲线、圆弧等）。

② 用"拉伸曲面"工具拉伸草图，高度适中，如图 3-101（a）所示。

③ 单击"特征"工具栏中的"圆角"按钮，在"圆角"属性面板的"圆角类型（Y）"中选中"等半径（C）"单选按钮，激活"圆角项目（I）"下的"边线、面、特征和环"方框，单击绘图窗口中模型的 4 条交线，选中方框下面的"多半径圆角（M）"复选框，单击 4 条边线的标签，输入相应的圆角参数，单击 按钮，结果如图 3-101（b）所示。

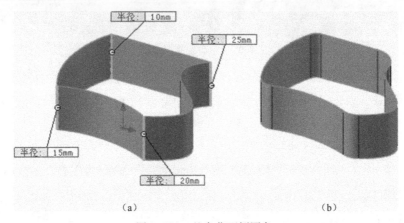

（a） （b）

图 3-101　基本曲面倒圆角

（2）曲面混合倒圆角操作方法：

① 在"前视基准面"作一样条曲线并拉伸曲面；再在"前视基准面"作一条直线并拉伸（拉伸深度与前一曲面相同），如图 3-102（a）所示。

② 单击"特征"工具栏中的"圆角"按钮，在"圆角"属性面板的"圆角类型（Y）"中选中"面圆角（L）"单选按钮，激活"圆角项目（I）"下的"面组 1"方框，单击绘图窗口中的一个曲面，再激活"面组 2"方框，再单击绘图窗口中的另一个曲面，在"半径"文本框中输入相应的圆角参数，选中"完全预览（W）"单选按钮，观察窗口中的模型，如没有圆角产生，分别单击"面组 1"和"面组 2"前的"反向"按钮，再观察窗口中的模型，如图 3-102（b）所示（有时需要适当调整圆角大小），单击 按钮，结果如图 3-102（c）所示。

2. 等距曲面

等距曲面又称偏置曲面，是指在源曲面上复制出来的曲面，该曲面与源曲面之间在曲面各法向方向上的距离均相同。

打开图 3-98 所示的中心线放样曲面，单击"等距曲面"按钮或单击菜单"插入（I）"/"曲面（S）"/"等距曲面（O）..."命令，出现图 3-103（a）所示的"等距曲面"属性面板，激活"等距参数（O）"下面的"要等距的曲面或面"方框，单击绘图窗口中几个面，在"等距距离"文本框中输入"20"，单击 按钮，结果如图 3-103（b）所示。

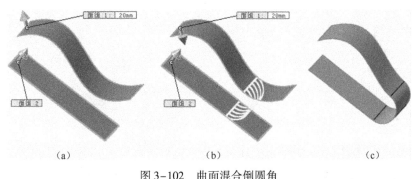

|(a)|(b)|(c)|

图 3-102　曲面混合倒圆角

|(a)|(b)|

图 3-103　等距曲面

3. 延展曲面

延展曲面是通过延展分型线、边线、一组相邻的内张或外张边线，并平行于所选基准面来生成曲面的曲面生成工具。

打开图 3-90 所示的使用引导线扫描曲面，单击"前视基准面"绘制草图。绘制一条样条曲线，该曲线穿过扫描曲面，如图 3-104 所示，将曲线投影为分割线，然后单击"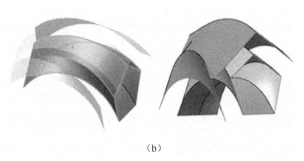延展曲面"按钮或单击菜单"插入（I）"/"曲面（S）"/"延展曲面（A）…"命令，出现图 3-105（a）所示的"曲面－延展"属性面板，激活"延展参数（R）"下面的"延展方向参考"方框，单击"右视基准面"（可单击窗口左上角的"使用引导线扫描曲面"前的"⊞"符号，即可选择"右视基准面"），再激活"要延展的边线"方框，再单击窗口中曲面上的分割线，在"延展距离"文本框中输入"20"如图 3-105（a）所示，单击按钮，结果如图 3-105（b）所示。

图 3-104　样条曲线分割曲面

4. 填充曲面

填充曲面特征是在现有模型边线、草图或曲线定义的边界内构成带任何边数的曲面修补，边线必须封闭。

（1）作一个如图 3-106（a）所示的旋转曲面，单击"填充曲面"按钮或单击菜单"插入（I）"/"曲面（S）"/"填充（I）…"命令，出现图 3-106（a）所示的"填充曲面"属性面板，激活"修补边界"方框（如该方框已高亮显示，不必再单击），单击窗口中旋转曲面的边线，单击按钮。

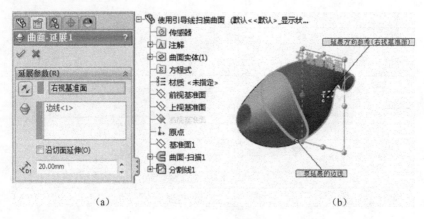

（a） （b）

图 3-105 延展曲面

（2）单击设计树中的"填充曲面"特征，在快捷菜单中单击"编辑特征"按钮，"填充曲面"属性面板的"曲率控制"下拉列表框中选择"相切"，观察窗口中曲面的变化情况，再单击"反转曲面（R）"，观察曲面的变化情况，结果如图 3-106（b）所示。

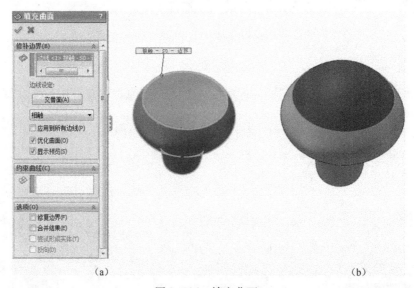

（a） （b）

图 3-106 填充曲面

【实例 3-15】给图 3-107 所示曲面添加边界线和约束曲线进行曲面填充。

分析：该曲面是通过旋转形成的，在生成该曲面时，旋转角是 270°，曲面上端有缺口，需要另外画草图，同时为了使填充的曲面尽量与源曲面吻合，再加一条约束曲线。

操作步骤

步骤 1：编辑旋转曲面

（1）右击设计树中的"填充曲面"特征，在弹出的快捷菜单中选择"删除"命令。

（2）单击设计树中的"旋转曲面"特征，在快捷菜单中

图 3-107 添加轮廓线填充曲面

单击"编辑特征"按钮，出现"曲面－旋转"属性面板，在"方向1"下面的"旋转类型"下拉列表框中选择"两侧对称"，在"方向1角度"文本框中输入"270"，再单击按钮。

步骤2：作辅助基准面

选择"上视基准面"，按住【Ctrl】键，再单击缺口上的端点，如图3-108（a）所示，用"基准面"工具作一过该点且与"上视基准面"平行的基准面。

步骤3：绘制边界线草图

选择"基准面1"，用"圆心/起/终点画弧（T）"工具绘制一条圆心在坐标原点，两端点与"旋转曲面"缺口端点重合的圆弧，如图3-108（b）所示，退出并保存草图。

步骤4：绘制约束曲线草图

选择"前视基准面"，过坐标原点绘制一条中心线，展开设计树中的"旋转曲面"特征，单击其"草图"，在快捷菜单中选择"显示"选项，单击"转换实体引用"按钮，将草图转换到当前草图平面上（样条曲线），用"镜向实体"工具将该样条曲线复制到中心线另一侧。单击草图中被镜向的样条曲线，在"样条曲线"属性面板的"选项"中选中"作为构造线"复选框（该线不参与建模），退出并保存草图。

步骤5：填充曲面

单击"填充曲面"按钮，在"填充曲面"属性面板的"修补边界"方框中，单击圆弧和旋转曲面的两条轮廓线，在"约束曲线（C）"方框中单击样条曲线，单击按钮，结果如图3-108（c）所示。

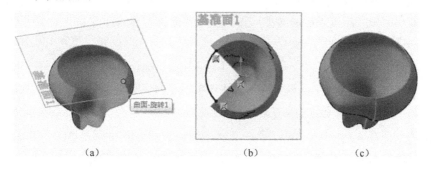

图3-108　添加轮廓线填充曲面建模过程

5. 延伸曲面

延伸曲面是指沿着一条或多条曲面边线，或一个曲面来扩展（增加）曲面，并使曲面的扩展部分与源曲面保持一定的几何关系。

（1）作一个如图3-109所示的曲面，单击"延伸曲面"按钮或单击菜单"插入（I）"/"曲面（S）"/"延伸曲面（X）…"命令，出现图3-109所示的"延伸填充"属性面板，激活"拉伸的边线/面（E）"方框，单击窗口中曲面的两条边线，"终止条件（C）："选择"距离D"，在"距离"文本框中输入"24"，"延伸类型（X）"选择"同一曲面"，单击按钮。

（2）单击设计树中的"延伸曲面"特征，在快捷菜单中单击"编辑特征"按钮。"延伸曲面"属性面板的"延伸类型（X）"选择"线性"，观察窗口中曲面的变化情况，单击按钮。

终止条件的另外两个选项"成形到某一点"和"成形到某一面"与"拉伸凸台/基体"的终止条件相同。

延伸类型中的"同一曲面"表示沿曲面几何体延伸曲面;"线性"表示沿边线相切于原来曲面的方向延伸曲面。

注意:当选择"距离"作为延伸曲面的终止条件时,如果选择"同一曲面"作为延伸类型,所给定的距离值应确保生成的延伸曲面不会自我重叠,如图3-110所示。

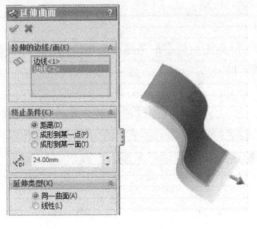

图3-109　延伸曲面　　　　　　　　　图3-110　延伸曲面不能自我重叠

6. 剪裁曲面

剪裁曲面是指采用布尔运算的方法在一个曲面与另一个曲面、基准面或草图交叉处修剪曲面,就是沿着曲面相交的边界将曲面上不需要的部分去掉后保留下来的曲面。若两曲面相交,可以用一张曲面沿着相交边界剪裁另一张曲面,或者两张曲面沿着相交边界相互剪裁对方。

(1)用旋转曲面和拉伸曲面特征生成两张相交曲面。

(2)单击"剪裁曲面"按钮或单击菜单"插入(I)"/"曲面(S)"/"剪裁曲面(T)…"命令,出现图3-111所示的"剪裁曲面"属性面板,"剪裁类型(T)"选择"标准"单选按钮。

(3)激活"剪裁工具(T)"方框下的"剪裁曲面、基准面、或草图"方框,在绘图区域中选择竖直的拉伸曲面;选中"保留选择(K)"单选按钮,保留所需部分;激活"保留的部分"方框,在绘图区域中单击旋转曲面需要保留的部分(拉伸曲面后面部分),所选部分高亮显示,如图3-111所示。

(4)选中"曲面分割选项(O)"中的"自然"单选按钮,以沿曲面相交线进行曲面分割,单击✓按钮。

如果在"剪裁曲面"属性面板中,选中"移除选择"单选按钮,则相应的方框为"要移除的部分",其他操作同前。

(5)单击设计树中的"剪裁曲面"特征,在快捷菜单中单击"编辑特征"按钮,在"剪裁曲面"属性面板的"剪裁类型(T)"中选中"相互"单选按钮。激活"选择(S)"下的"曲面(U)""剪裁曲面"方框,在绘图区域中同时选择竖直的拉伸曲面和旋转曲面。选中"保留选择(K)"单选按钮,保留所需部分。激活"保留的部分"方框,在绘图区域中选择竖直的拉伸曲面和旋转曲面前面部分,单击✓按钮,结果如图3-112所示。

在"剪裁曲面"属性面板的"曲面分割选项(O)"中,如果选中"线性"单选按钮,则修剪将沿曲面交线的切线方向进行；如果选中"分割所有"复选框，则对所有曲面按指定的分割线进行分割。

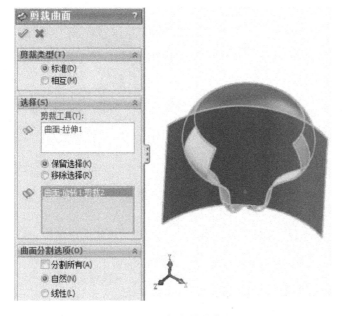

图 3-111　相交剪裁曲面

图 3-112　曲面相互剪裁

【实例 3-16】剪裁图 3-94 所示量杯缺口。

操作步骤

打开图 3-94 所示量杯模型，单击"剪裁曲面"工具，"剪裁类型(T)"选中"标准"单选按钮，在"剪裁曲面"方框中单击绘图窗口中的放样曲面，选中"移除选择(R)"单选按钮，在" 要移除的部分"方框中单击旋转曲面，"曲面分割选项(O)"选中"自然(N)"单选按钮，单击 按钮，结果如图 3-113 所示。单击"保存"按钮。

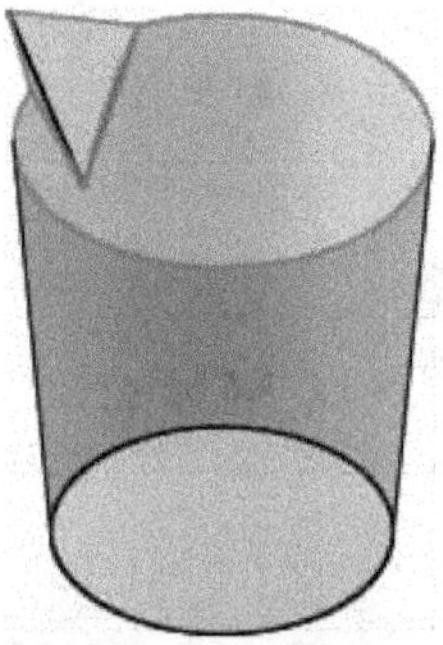

7. 解除剪裁曲面

解除剪裁曲面是指通过沿其自然边界延伸现有曲面来修补曲面上的洞和外部边线以生成曲面的操作。对于所生成的任何输入的曲面或曲面，都可以用解除剪裁曲面工具。此外，还可以按百分比来延伸曲面的自然边界或者连

图 3-113　量杯曲面剪裁

接端点来填充曲面。

以图 3-114 为例说明解除剪裁曲面特征的功能。

新建一个文件并命名为"解除剪裁曲面"。

（1）构建一个如图 3-114 所示的实体，用"等距曲面"工具获得带孔和边界有缺口的曲面。

（2）单击" 解除剪裁曲面"按钮或单击菜单"插入(I)"/"曲面(S)"/" 解除剪裁曲面(U)…"命令，出现"解除剪裁曲面"属性面板，如图 3-115 所示。

（3）激活面板中"选择(S)"下的" 所选面/边线"方框，在绘图区域中选择等距曲面。

图 3-114　解除剪裁曲面模型

图 3-115　解除剪裁曲面

（4）在"选项（O）"下面的"面解除剪裁类型"中选中"所有边线（A）"单选按钮，选择"与原有合并（M）"复选框，单击☑按钮，结果等距曲面变成一张完整的曲面。

（5）单击设计树中的"曲面－解除剪裁"特征，在快捷菜单中单击"编辑特征"按钮，在"解除剪裁曲面"属性面板中单击"选择（S）"下面方框中的"面1"，右击，在弹出的快捷菜单中选择"删除（B）"命令，重新选择等距曲面中的方孔边界和圆孔边界，在"选项（O）"下面的"边线解除剪裁类型"中单击"延伸边线（E）"单选按钮，选中"与原有合并（M）"复选框，单击☑按钮。

在"解除剪裁曲面"属性面板的"选择（S）"下面的方框中，如果选择的是面，则启用对应面选项；如果选择的是边线，则启用对应边线选项。

曲面解除剪裁类型有如下 3 种：

（1）所有边线：既修补曲面内部的洞，又延伸外部边线。

（2）内部边线：修补曲面内部的洞。

（3）外部边线：延伸外部边线以生成解除剪裁边线。

边线解除剪裁类型有如下 2 种：

（1）延伸边线：延伸曲面到其自然边界。

（2）连接端点：延伸曲面到所选另一边线的端点。

如果选中"连接端点"单选按钮，在"选择（S）"下面的方框中应选择方孔的四条边线，方槽的三条边线，如果无法解除剪裁，在"选择（S）"下面的"↙距离"文本框中输入一定量的值即可。

8. 缝合曲面

缝合曲面是将两张或两张以上曲面缝合在一起的曲面工具。缝合曲面生成的条件是多张曲面边线必须重合并且不重叠，但不一定要在同一基准面上。

以图 3-111 模型为例说明缝合曲面特征的功能。

（1）右击设计树中的"等距曲面"特征，在弹出的快捷菜单中选择"隐藏"命令，将等距曲面隐藏。

（2）单击"⬚缝合曲面"按钮或单击菜单"插入(I)"/"曲面(S)"/"⬚缝合曲面(K)…"命令，出现"曲面－缝合"属性面板，如图3–116（a）所示。

（3）激活面板中"选择(S)"下的"◇要缝合的曲面和面"方框，在绘图区域中选择带洞的曲面和组成槽口的几个平面，选中"合并实体(M)"复选框，单击✓按钮，结果如图3–116（b）所示。

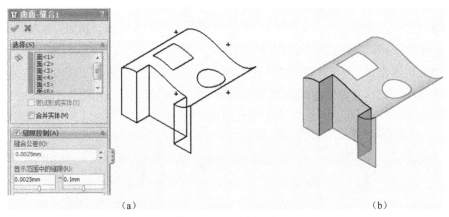

(a)　　　　　　　　　　　　　　　(b)

图3–116　缝合曲面

9. 加厚曲面（特征）

加厚特征不是曲面工具，而是属于基体特征的一种，目的是使曲面成为实体。

（1）基本加厚曲面的操作过程。以图3–113所示量杯为例说明加厚特征功能。

单击菜单"插入(I)"/"凸台/基体(B)"/"⬚加厚(T)…"命令，出现图3–117（a）所示的"加厚"属性面板，激活"加厚参数(T)"下的"◇要加厚的曲面"方框，单击绘图区域中量杯杯体，在"厚度"选项中单击"⬚两侧加厚"按钮，在"⬚厚度"文本框中输入"1"，选中"合并结果"复选框，单击✓按钮。

量杯的杯体已经是具有2 mm厚度的实体，而量杯的尖嘴是零厚度，因此，重复上面的步骤，为量杯尖嘴添加2 mm厚度，如图3–117（b）所示。

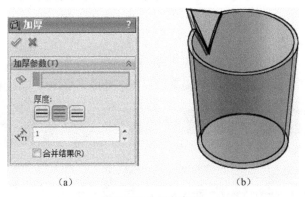

(a)　　　　　　　　　　　　(b)

图3–117　量杯加厚

（2）在实体模型上生成切除特征的操作过程。仍以被加厚后的量杯为例，说明加厚切除实体特征功能。

① 打开加厚后的量杯，选择"前视基准面"，按图3–118（a）所示绘制两个同心圆草图。

② 单击菜单"插入(I)"/"曲线(U)"/"⬚分割线(S)…"命令，出现"分割线"属性面板，

选中"分割类型(T)"中的"投影(P)"单选按钮,激活"选择(E)"下面的" 要投影的草图"方框,单击绘图区域中两同心圆草图;激活" 要分割的面"方框,单击量杯杯体外表面,选中"单向(D)"和"反向(R)"复选框,单击 按钮。在量杯杯体前半部分有同心圆区域。

③ 单击"等距曲面"工具,在" 要等距的曲面和面"方框中,单击分割面(同心圆区域),输入距离"1",向杯体外侧等距曲面。

④ 单击菜单"插入(I)"/"切除(C)"/" 加厚(T)…"命令,出现"切除-加厚"属性面板,激活"加厚参数(T)"下面的" 要加厚曲面"方框,单击绘图区域中等距曲面,在"厚度"选项中单击"加厚侧边2"按钮,观察窗口中加厚的面是否朝向杯体,在" 厚度"文本框中输入"2",单击 按钮。在量杯的杯体上切除出两个同心圆凹坑,结果如图3-118(b)所示。

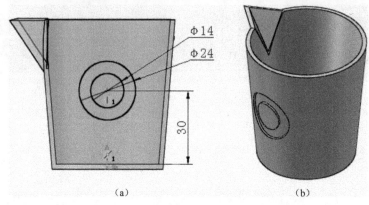

(a)   (b)

图3-118　加厚切除实体

三、曲面编辑

SolidWorks软件可以对草图、实体进行编辑,同样也可以对曲面进行编辑,主要有隐藏/显示曲面、删除曲面、删除曲面上的孔等。

1. 隐藏/显示曲面

SolidWorks软件提供了两种隐藏/显示曲面的方法。

(1)单击菜单"视图(V)"/"隐藏/显示实体(H)…"命令,出现图3-119所示的"隐藏/显示实体"属性面板,激活"隐藏的实体(H)"下面的" 曲面/实体"方框,单击绘图区域中需要隐藏或显示的曲面,单击 按钮。

(2)在设计树中或绘图区域中单击曲面,在快捷菜单中单击" 隐藏/显示"按钮即可。

图3-119　隐藏/显示实体

2. 删除曲面

删除曲面有两种方法:"删除特征"和"删除面"。删除特征即删除曲面特征本身以及曲面的子特征(圆角)及曲面内含的特征(草图)等,删除操作完成后,相关的特征从设计树中消失;删除面操作仅为删除所选的曲面表面,其他子特征和内含特征均不删除。

(1)在设计树中或绘图窗口中选择要删除的曲面并右击,在弹出的快捷菜单中选择"删除"命令,在"确认删除"对话框中显示将被删除的曲面以及一些子特征等。

（2）在设计树中或绘图窗口中选择要删除的曲面，按【Delete】键，删除所选曲面。

3. 删除曲面上的孔

从曲面上删除孔，只要从图形区域中选择孔的边界后右击，在弹出的快捷菜单中选择"边线删除"命令，出现"选择选项"对话框，其中有"删除特征"和"删除孔"两个单选按钮，选中"删除孔"单选按钮，即将所选边线所在的孔从曲面中删除。

以图 3-114 为例，删除曲面中的方孔。

打开图 3-114 所示的模型，选择等距曲面上方孔的一条边线并右击，在弹出的快捷菜单中选择"边线删除"命令，在"选择选项"对话框中选中"删除孔（H）"单选按钮，单击"确定"按钮后方孔被删除。

四、中面

中面是指已知的双对面，如平行平面或同心圆柱面之间生成的中间曲面。

以图 3-114 所示的模型为例，说明生成中面操作。

（1）打开图 3-114 所示的模型，单击"▦中面"按钮或单击菜单"插入（I）"/"曲面（S）"/"▦中面（M）..."命令，出现"中面"属性面板，如图 3-120 所示。

（2）分别激活"选择（S）"下面的"面 1（A）"方框和"面 2（C）"方框，单击绘图窗口中的一组平行面。

（3）"定位（P）"下的文本框默认状态下是 50%，即产生的中面在两个对面的中间，可以改变这个数值，使得产生的中面偏向其中一个面，单击▦按钮。

单击设计树中实体特征，在快捷菜单中单击"隐藏"按钮，结果如图 3-121 所示。

【实例 3-17】 完成图 3-122 所示烟灰缸的建模。

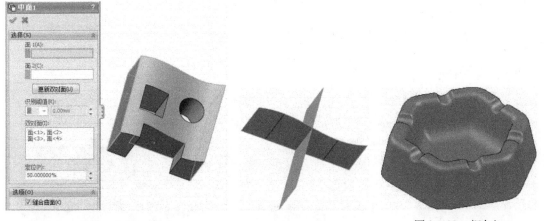

图 3-120　中面产生过程　　　　图 3-121　中面　　　　图 3-122　烟灰缸

操作步骤

步骤 1：制作烟灰缸基体

（1）绘制"草图 1"：选择"上视基准面"，在"上视基准面"上绘制图 3-123（a）所示草图。

（2）生成"凸台拉伸"：单击"拉伸凸台/基体"工具，显示"凸台-拉伸"属性面板，拉伸的"终止条件"选择"给定深度",在" 深度"文本框中输入"30",单击" 拔模开/关"按钮,在其后的文本框中输入"10",单击按钮。

步骤 2:制作烟灰缸内腔

(1)绘制"草图2":单击烟灰缸顶面,在快捷菜单中单击" 草图绘制"按钮,单击"等距实体"工具,出现"等距实体"属性面板,在"参数(P)"下面的" 等距距离"文本框中输入"10",即在图 3-123(b)所示顶面上向内等距轮廓 10。

(2)生成"拉伸切除1":单击"拉伸切除"工具,出现"拉伸-切除"属性面板,拉伸切除的"终止条件"选择"给定深度",在" 深度"文本框中输入"28",单击" 拔模开/关"按钮,在其后的文本框中输入"10",单击按钮。

步骤 3:烟灰缸顶面开槽

(1)绘制"草图3":选择"前视基准面",在该面上绘制图 3-123(c)所示草图。

(2)生成"拉伸切除2":单击"拉伸切除"工具,出现"拉伸-切除"属性面板,"方向1"和"方向2"的拉伸切除,"终止条件"选择"完全贯穿",单击按钮。

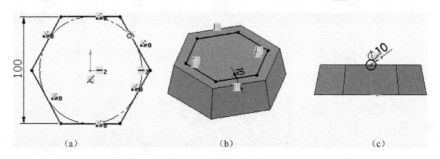

(a)　　　　　　　　　(b)　　　　　　　　　(c)

图 3-123　烟灰缸制作过程

步骤 4:棱边倒圆角

单击"圆角"工具,出现"圆角"属性面板,"圆角类型(Y)"选中"等半径"单选按钮,在"圆角项目(I)"的" 半径"文本框中输入"15",激活" 边线、面、特征和环"方框,单击绘图窗口中模型的外棱线和型腔底面,单击按钮。

步骤 5:半圆槽圆周阵列

(1)使用同样的方法,将型腔内棱线和顶面边线倒圆角,半径为5。

(2)在切除的半圆柱面上倒圆角,半径为2。

建立"基准轴":单击" 基准轴"按钮,出现"基准轴"属性面板,在"选择(S)"下选择" 两平面(T)"选项,在" 参考实体"方框中单击"前视基准面"和"右视基准面",这两个基准面的交线即为参考轴,如图 3-124 所示,单击按钮,在设计树中出现"基准轴1"。

图 3-124　作基准轴

生成"圆周阵列":单击" 圆周阵列"按钮,出现"圆周阵列"属性面板,激活"参数(P)"下面的"阵列轴"方框,选择" 基准轴1",在" 总角度"文本框中输入"120",在" 实例数"文本框中输入"3",激活" 要阵列的特征

（F）"方框，单击绘图窗口中的切除特征和圆角或单击设计树中的这两个特征。

步骤6：抽壳

单击"[图]抽壳"按钮，在"抽壳"属性面板的参数(P)中，将"[图]厚度"设为1 mm，激活"[图]移除的面"方框，单击烟灰缸底面，单击[图]按钮。

步骤7：缝合曲面

单击"[图]缝合曲面"按钮，出现"缝合曲面"属性面板，激活"选择(S)"下的"[图]要缝合的曲面和面"方框，在绘图区域中选择所有烟灰缸的表面，选择"合并实体(M)"复选框，单击[图]按钮。单击设计树中的"抽壳特征"，在快捷菜单中单击"隐藏"按钮，在绘图窗口中只显示烟灰缸表面，结果如图3-125所示。

图3-125 缝合烟灰缸表面

技能训练三

1. 用"拉伸凸台/基体"和"拉伸切除"等特征工具完成图3-126～图3-129所示模型的建模，添加必要的几何关系，符合设计意图。

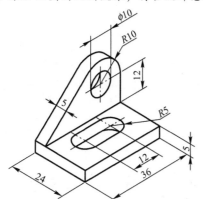

图3-126 拉伸凸台/基体、拉伸切除建模一

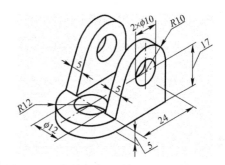

图3-127 拉伸凸台/基体、拉伸切除建模二

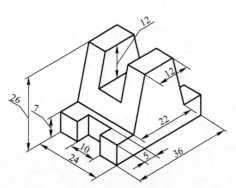

图3-128 拉伸凸台/基体、拉伸切除建模三

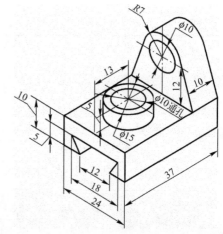

图3-129 拉伸凸台/基体、拉伸切除建模四

2. 用"拉伸凸台/基体""拉伸切除""圆周阵列"等特征工具完成图 3-130 所示模型的建模，添加必要的几何关系，符合设计意图。

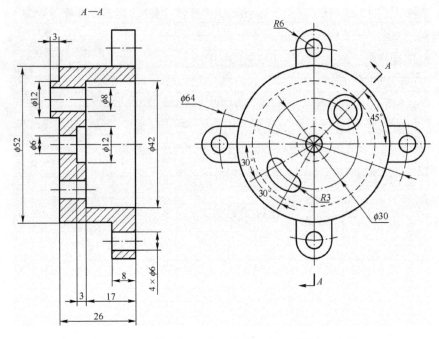

图 3-130　拉伸凸台/基体、拉伸切除、圆周阵列建模

3. 用"拉伸凸台/基体""拉伸切除""筋"等特征工具完成图 3-131 所示模型的建模，添加必要的几何关系，符合设计意图。

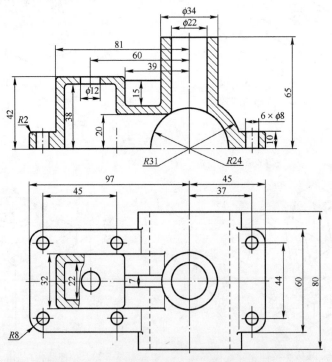

图 3-131　拉伸凸台/基体、拉伸切除、筋建模

4. 用"拉伸凸台/基体""拉伸切除""筋"等特征工具完成图 3-132 所示模型的建模，添加必要的几何关系，符合设计意图。

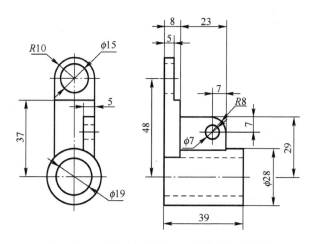

图 3-132　拉伸凸台/基体、拉伸切除、筋建模

5. 完成图 3-133 ～ 图 3-135 所示 3 个零件的建模。

提示：在图 3-135 所示零件建模时，先拉伸左侧轮廓，然后前后两个平面用"平面区域"命令完成，再增加厚度；中间空腔半个圆柱只要在平面断面处作一矩形草图，然后绕中心线旋转 90°即可，如图 3-136 和图 3-137 所示。

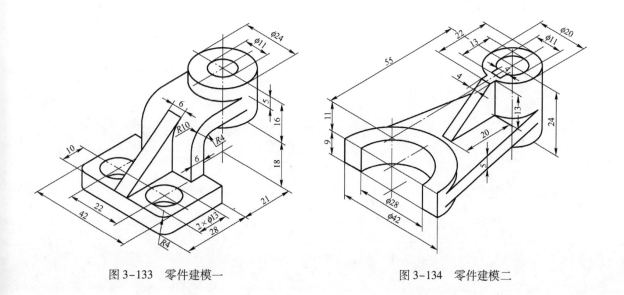

图 3-133　零件建模一　　　　　　　　图 3-134　零件建模二

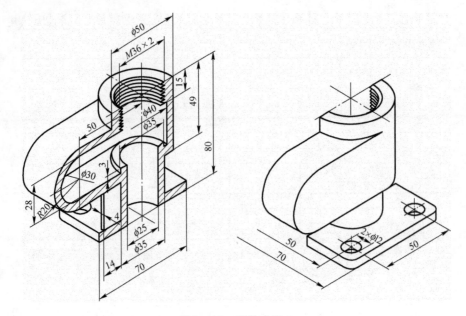

图 3-135　零件建模三

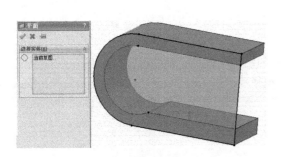

图 3-136　零件建模三制作过程一

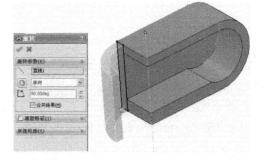

图 3-137　零件建模三制作过程二

第四章　建模技巧

工程设计人员在使用 SolidWorks 软件工作过程中，应当熟练掌握一些设计技巧，以便提高设计效率，将更多精力用在创造性构思上。本章列举了几个复杂的机械零件、管道零件、五金等零件的建模，介绍了 SWFIT 功能，编辑修复错误建模的零件的方法以及自底向上的装配体建模。通过本章的学习，读者能灵活运用已学的各种命令进行零件的结构设计和三维建模。

学习目标

1. 掌握复杂零件的建模方法。
2. 掌握自底向上的装配体建模。
3. 学会 SWFIT 功能的运用。
4. 学会编辑修复建模错误。

第一节　复杂零件建模

本章通过丰富的设计实例，向读者介绍利用 SolidWorks 软件进行复杂零件建模和在产品造型设计应用中的思路、方法、步骤和技巧。

【实例 4-1】完成图 4-1 所示机械零件建模。

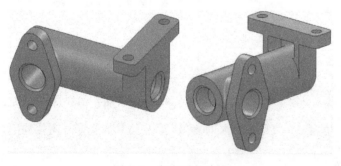

图 4-1　复杂零件建模

分析：该机械零件主体部分为圆柱，建模时考虑用旋转特征；左前方有一菱形法兰盘，它与主体之间有一带孔的圆柱连接；右侧上端有一矩形连接板，它与主体之间有一凹槽连接板，这些结构分别用拉伸凸台/基体、旋转凸台/基体和拉伸切除等特征即可。

操作步骤

步骤 1：主体构型

（1）绘制主体草图：选择"前视基准面"，绘制图 4-2 所示草图。

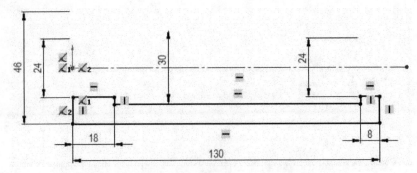

图4-2　复杂零件建模——主体草图

（2）旋转主体：用"旋转凸台/基体"工具将草图绕中心线旋转360°，建成一内部是阶梯圆柱孔的圆柱模型。双击设计树中刚建立的特征"旋转1"，将其命名为"旋转主体"。

步骤2：作辅助基准面1

选择"前视基准面"，用"基准面"工具作一与该基准面平行，距离为"40"的基准面，在设计树中出现"基准面1"。

步骤3：作菱形法兰盘

（1）绘制菱形法兰盘草图：选择"基准面1"，绘制图4-3所示草图。

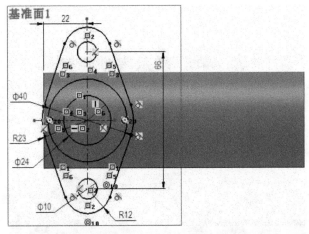

图4-3　复杂零件建模——菱形法兰盘草图

（2）拉伸菱形法兰盘：用"拉伸凸台/基体"工具拉伸菱形，展开"凸台－拉伸"属性面板的"所选轮廓"方框，选择绘图区域的菱形图框，将其向主体方向拉伸"12"，单击☑按钮。此特征命名为"菱形拉伸"。

步骤4：作连接圆柱

（1）拉伸外圆柱：单击"菱形拉伸"特征前的"⊞"符号，使其展开，单击下面的草图，在快捷菜单中单击"显示"按钮，即在绘图区域显示草图，单击该草图，使其高亮显示，用"拉伸凸台/基体"工具拉伸两同心圆区域，与前相同，选择绘图区域的两同心圆区域，将其向主体方向拉伸，终止条件类型为"成形到一面"，选择主体外圆柱面，单击☑按钮。此特征命名为"连接圆柱"。

（2）切除圆柱孔：用"拉伸切除"工具，在圆柱主体上切一直径为"24"的圆柱孔，终止条件类型为"成形到一面"，选择主体圆柱中的直径为"24"内圆柱面，单击☑按钮。此特征命名为"圆柱孔"。

步骤 5：作辅助基准面 2

选择"上视基准面"，用"基准面"工具作一与该基准面平行，距离为"45"的基准面，在设计树中出现"基准面 2"。

步骤 6：作矩形连接板

（1）绘制矩形连接板草图：选择"基准面 2"，绘制图 4-4 所示草图。

（2）拉伸矩形连接板：用"拉伸凸台/基体"工具，将矩形向主体方向拉伸"12"，单击☑按钮。此特征命名为"矩形拉伸"。

步骤 7：作凹形连接板

（1）绘制凹形连接板草图：选择矩形连接板上端面，在该面上绘制图 4-5 所示草图，其中凹槽的外轮廓是分别选取圆柱主体的轮廓线和矩形连接板的轮廓线，用"转换实体"工具制作。

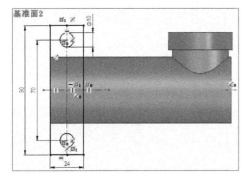 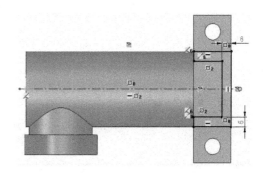

图 4-4　复杂零件建模——矩形连接板草图　　　　图 4-5　复杂零件建模——凹槽草图

（2）拉伸凹形连接板：用"拉伸凸台/基体"工具拉伸该草图，终止条件类型为"成形到一面"，选择主体外圆柱面，单击☑按钮。此特征命名为"凹槽拉伸"。

步骤 8：倒圆角和倒角

（1）用"圆角"工具，分别在两圆柱的交线处和凹槽与圆柱的交线处倒圆角，半径为"2"。

（2）圆柱连接板侧面的四条棱线倒圆角，半径为"5"。

（3）用"倒角"工具，分别在三个圆柱孔端面倒角，距离为"2"。

【实例 4-2】完成图 4-6 所示弯管连接件建模，弯管外径为"25"。

分析：图 4-6（b）所示弯管连接件中间弯曲部分是圆柱形弯管，建模时应该考虑扫描，其路径为三维曲线，如图 4-6（a）所示；两端法兰盘通过拉伸凸台/基体完成。

操作步骤

步骤 1：圆柱形弯管建模

（1）绘制 3D 草图：单击"🔲3D 草图"按钮，单击绘制直线工具，在"🔏XY 基准面"上从原点开始绘制一条沿 *X* 轴反向长约 40 mm 的直线，如图 4-7（a）所示；按【Tab】键将草图基准面切换到"🔏YZ 基准面"，绘制一条沿 *Z* 轴反向长约 60 mm 的直线，如图 4-7（b）所示；再绘制一条沿 *Y* 轴方向长 30 mm 的直线，如图 4-7（c）所示

（2）3D 曲线倒圆角：用"绘制圆角"工具，在草图的两个直角处作圆角处理，半径为

"R15"，标注相应的尺寸，如图4-6（a）所示。完成3D曲线绘制，再次单击"🖳3D草图"按钮，退出草图。

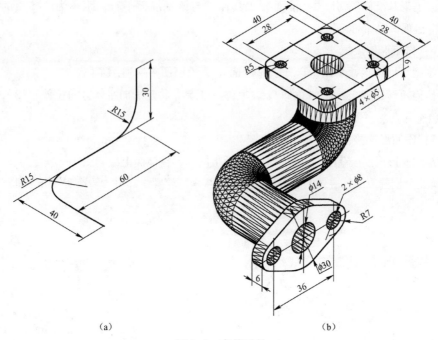

(a)   (b)

图4-6　弯管零件

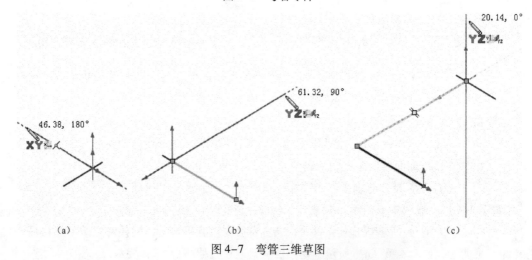

(a)   (b)   (c)

图4-7　弯管三维草图

（3）组合3D曲线：单击菜单"插入"/"曲线"/"🔲组合曲线(C)"命令，出现图4-8所示的"组合曲线"属性面板，在"要连接的实体(E)"方框中选择绘图区域中3D草图，单击☑按钮。

（4）绘制扫描截面草图：选择"右视基准面"（垂直于3D曲线）绘制草图，在该面上绘制

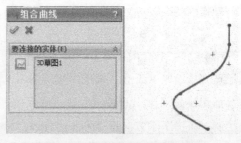

图4-8　"组合曲线"属性面板

两个圆心在坐标原点、直径分别为"25"和"14"的圆，如图4-9所示，退出并保存草图。

（5）生成弯管扫描：选择"扫描"特征工具，在"轮廓"方框中选择两同心圆草图，在"路径"方框中选择3D曲线，单击✅按钮，结果如图4-10所示。

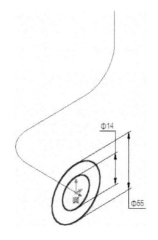

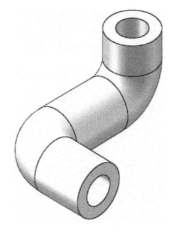

图4-9 弯管轮廓草图   图4-10 弯管连接件建模

步骤2：作菱形法兰盘

（1）绘制菱形法兰盘草图：选择弯管模型前端面，以此面作为菱形法兰盘的草图基准面，绘制如图4-11所示尺寸的草图。其中，中间直径为"14"的圆用"转换实体引用"工具生成。

（2）拉伸菱形法兰盘：用"拉伸凸台/基体"工具拉伸菱形，向前拉伸的深度为"6"，结果如图4-12所示。

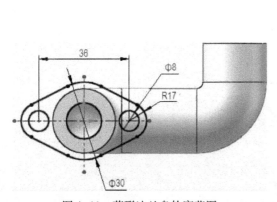

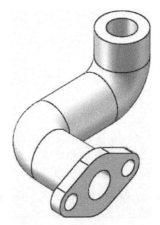

图4-11 菱形法兰盘轮廓草图   图4-12 菱形法兰盘建模

步骤3：作正方形法兰盘

（1）绘制正方形法兰盘草图：同样选择弯管模型上端面，以此面作为正方形法兰盘的草图基准面，绘制如图4-13所示尺寸的草图。其中间直径为"14"的圆用"转换实体引用"工具生成。

（2）拉伸正方形法兰盘：用"拉伸凸台/基体"工具拉伸正方形草图，向上拉伸的深度为"6"，结果如图4-14所示。

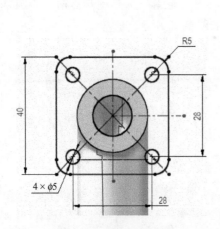

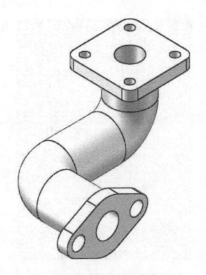

图 4-13　正方形法兰盘轮廓草图　　　　图 4-14　弯管连接件建模结果

【实例 4-3】按图 4-15 所示尺寸，完成踏架零件建模。

分析：图 4-15 所示踏架为前后对称结构，其左端有一带孔圆柱，且有一与垂直面成 30°夹角的长圆形凸台，右端有一带两锥孔的扁长方体结构，两者之间由 90°弯形连接板连接，其上有拱形肋板。圆柱、凸台和扁长方体板通过拉伸凸台/基体完成，两个锥孔用异型孔向导制作，90°弯板考虑扫描，其引导线为投影曲线，肋板通过筋特征建模。

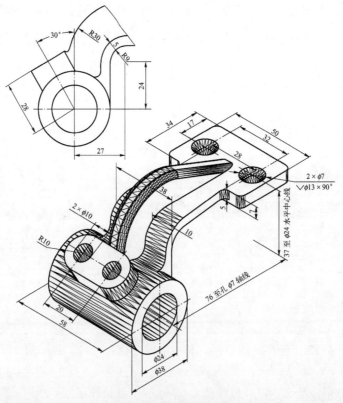

图 4-15　踏架零件尺寸

操作步骤

步骤 1：带孔圆柱建模

（1）绘制圆柱草图：选择"前视基准面"，绘制两直径分别为"ϕ24"和"ϕ38"的圆，如图 4-16 所示。

（2）拉伸圆柱：用"拉伸凸台/基体"工具将两同心圆拉伸，其终止条件类型为"两侧对称"，拉伸深度为"58"，如图 4-17 所示。

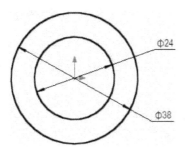

图 4-16　圆柱草图　　　　　　　　　　　图 4-17　带孔圆柱建模

步骤 2：长圆形凸台建模

（1）作"基准轴 1"：选择圆柱面，单击"基准轴"工具，添加一圆柱轴线"基准轴 1"。

（2）作"基准面 1"：选择"基准轴 1"和"上视基准面"，单击"基准面"工具，添加一如图 4-18 所示的过"基准轴 1"且与"上视基准面"成 30°夹角的"基准面 1"（注意方向）。

（3）作"基准面 2"：选中"基准面 1"，再次单击"基准面"工具，添加一与"基准面 1"平行，距离为"28"的"基准面 2"，如图 4-19 所示。

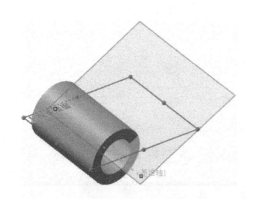

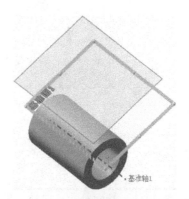

图 4-18　建立基准面 1　　　　　　　　　图 4-19　建立基准面 2

（4）绘制凸台草图：隐藏"基准轴 1"和"基准面 1"，在"基准面 2"上绘制图 4-20 所示的草图，用"中心点直槽口"工具绘制长圆，尺寸如图 4-20 所示，用"拉伸凸台/基体"工具将其拉伸，其终止条件类型为"成形到一面"，选中圆柱外表面，单击 ☑ 按钮。

（5）选中凸台上端面，在该面上绘制两圆，尺寸如图 4-21 所示，添加圆心与长圆半圆圆心"重合"和两圆直径"相等"几何条件，用"拉伸切除"工具在凸台和圆柱中切除圆柱孔，其终止条件类型为"成形到一面"，选中圆柱内表面，单击 ☑ 按钮。

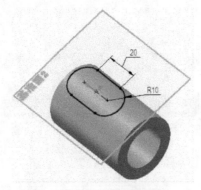

图 4-20 凸台草图

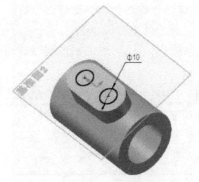

图 4-21 凸台端面切除圆孔

步骤 3：长方体建模

（1）作"基准面 3"：选择"上视基准面"，单击"基准面"工具，添加一与"上视基准面"平行，距离为"37"的"基准面 3"，隐藏"基准面 2"。

（2）绘制长方体草图：在"基准面 3"上绘制草图，用"中心矩形"工具绘制矩形，其中心与坐标原点水平，尺寸如图 4-22 所示。

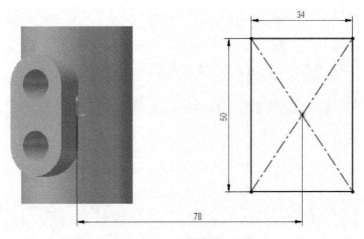

图 4-22 长方体草图尺寸

（3）拉伸长方体：用"拉伸凸台/基体"工具将其向圆柱轴线方向拉伸，深度为"7"，单击☑按钮。

（4）长方体上端面打孔：选择"异型孔向导"工具，在"孔规格"属性面板中选择"锥形沉头孔"，在"标准"下拉列表中选择"GB"，在"类型"下拉列表中选择"内六角形沉头螺钉"，在"规格"下拉列表中选择"M6"，在"终止条件"下拉列表中选择"完全贯穿"。单击"孔规格"属性面板最上端的"位置"标签，再单击长方体上端面，激活该面后，在该面的不同位置单击两次，单击☑按钮。

（5）编辑锥形孔的中心位置：单击设计树中的"打孔"特征前的"⊞"符号，选择其中一草图名称前有"⊟"符号的草图，根据图 4-15 所示尺寸对孔中心位置进行编辑，根据设计意图，用"中心线（N）"工具绘制一条过坐标原点的水平中心线和一条过矩形水平线中点的垂直中心线，添加两圆心与相应中心线"对称"和两圆心与相应中心线"重合"几何条件，标注尺寸，结果如图4-23所示，退出并保存草图。

步骤4：90°弯形连接板建模

（1）绘制弯形连接板扫描路径草图：选择"前视基准面"，绘制图4-24（a）所示草图，该草图命名为"路径草图"，作为弯形连接板的扫描路径，退出并保存草图。

（2）制作投影草图：再次选择"前视基准面"，选择刚作的路径草图，单击"▣转换实体引用"按钮，将路径草图转换到当前草图，该草图命名为"投影草图"，退出并保存草图。

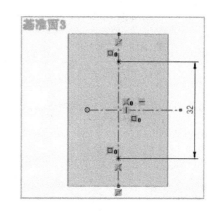

图4-23 踏架长方体中孔中心草图编辑

（3）制作曲面：选择"上视基准面"，在该面上绘制图4-24（b）所示草图，选择"拉伸曲面"工具，将草图拉伸，其终止条件选择"成形到一顶点"，单击长方体上端面的一个顶点，单击☑按钮。

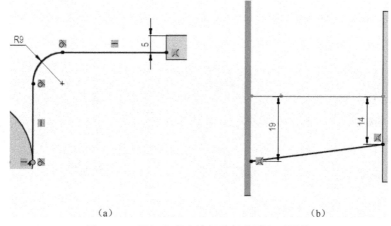

（a）　　　　　　　　　　　（b）

图4-24 踏架弯形连接板路径草图和引导线

（4）作投影曲线：单击菜单"插入（I）"/"曲线（U）"/"▣投影曲线（P）..."命令，出现图4-25所示的"投影曲线"属性面板，在"投影类型"中选中"面上草图（K）"单选按钮，在"要投影的草图"方框中选择"投影草图"，在"投影面"方框中选择刚拉伸的曲面，单击☑按钮。在曲面上有一条如图4-26所示的曲线。

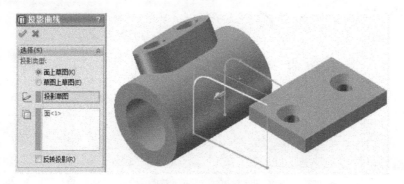

图4-25 投影曲线的制作

（5）绘制扫描截面轮廓草图：选中长方体左侧端面绘制一矩形，矩形上边线与长方体上端面添加"重合"几何关系，用"点"工具在矩形下边线中点绘制一点，该点与"路径草图"添加"穿透"几何关系，矩形前下角点与投影曲线添加"穿透"几何关系，如图4-27所示，退出并保存草图。

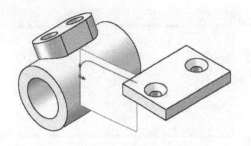

图4-26　投影曲线

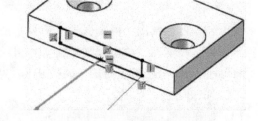

图4-27　踏架弯形连接板轮廓草图

（6）弯板扫描：选择"扫描"工具，出现图4-28所示的"扫描"属性面板，在"轮廓和路径(P)"下的"轮廓"方框中选择图4-27中的矩形，在"路径"方框中选择"路径草图"，在"引导线"方框中选择投影曲线，单击☑按钮。隐藏曲面和其他草图。

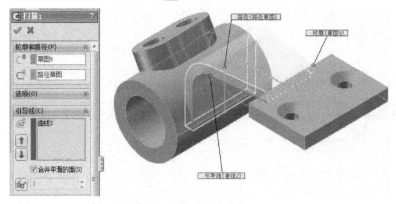

图4-28　弯板扫描

步骤5：筋板制作

（1）绘制筋草图：选择"前视基准面"，按图4-29所示尺寸绘制草图，直线一端在长方体上表面中心，另一端与圆弧相切，圆弧的一端在凸台轮廓上。

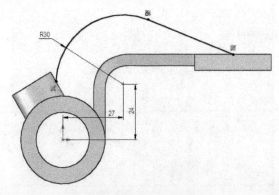

图4-29　踏架筋草图

（2）生成筋特征：选择"筋"特征工具，在"筋"属性面板的"参数（P）"中，"厚度"选择"两侧"，在"筋厚度"文本框中输入"10"，仔细观察绘图窗口的模型中筋特征拉伸方向（箭头指向弯形连接板），发现方向有错，选中"反转材料方向（F）"复选框，单击☑按钮。

步骤6：圆角特征

（1）选择"圆角"特征工具，选择长方体的4条棱线、长方体与弯板的交线、弯板与圆柱的交线、筋板上端面与长圆形凸台的交线倒圆角，半径为"3"。

（2）选择"圆角"特征工具，选择筋板上部轮廓线倒圆角，半径为"3"，结果如图4-30所示。

【实例4-4】按图4-31和图4-32所示尺寸，完成机匣盖零件建模。

图4-30　踏架建模结果

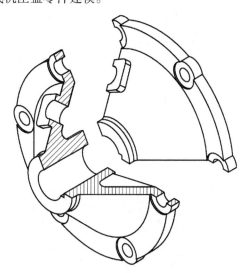

图4-31　机匣盖三维模型

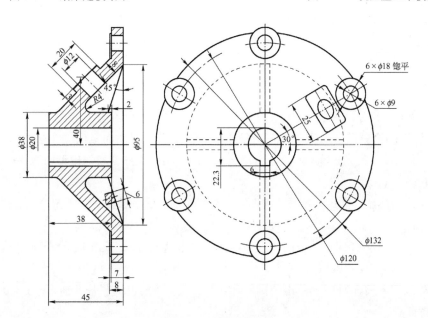

图4-32　机匣盖二维图

分析：图 4-31 和图 4-32 所示机匣盖主体部分为回转体，类似于伞状结构，用"凸台旋转/基体"建模；其内部有 4 条筋板，用"筋"特征建模；中心孔的键槽用"拉伸切除"；四周 6 个安装孔，用"凸台选择/基体"和"拉伸切除"建模，再用"圆周阵列"；圆锥面上的凸台（顶面是与回转主体外锥面等距的，距离为"3"的锥面），通过创建倾斜基准面，然后在该面上绘制草图，用"凸台选择/基体"和"拉伸切除"建模。

操作步骤

步骤 1：主体建模

（1）绘制"主体草图"：选择"前视基准面"，绘制图 4-33 所示的草图。

（2）生成"主回转体"：选择"旋转凸台/基体"工具，完成主体建模。

步骤 2：筋板制作

（1）转换显示模式：为了方便作图，单击"视图"工具栏中的"显示样式"下拉按钮，选择"线架图"命令。

（2）绘制"筋板草图"：选择"前视基准面"绘制图 4-34 所示直线。

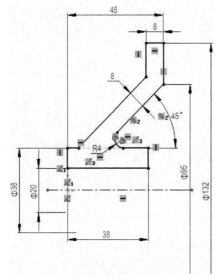

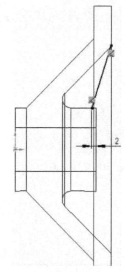

图 4-33　机匣盖主体草图　　　　　图 4-34　机匣盖筋草图

（3）生成"筋特征"：选择"筋"特征工具，在"筋"属性面板的"参数（P）"中，"厚度"选择"两侧"，在"筋厚度"文本框中输入"6"，观察绘图窗口的模型中筋特征拉伸方向，单击☑按钮。

（4）再次转换显示模式：单击"视图"工具栏中的"显示样式"下拉按钮，选择"带边线上色"命令。

（5）生成"基准轴 1"：单击回转主体锥面，单击"基准轴"工具，作回转体的轴线"基准轴 1"。

（6）生成"圆周阵列 1"：单击"圆周阵列"工具，将筋板绕"基准轴 1"在 360°范围内阵列 4 个筋特征。

步骤 3：安装孔建模

（1）绘制圆孔草图：单击回转主体右端边缘右侧面，以该面为草图基准面，按图 4-35 所示尺寸绘制直径为"φ18"的圆,圆心与坐标原点添加"竖直"几何关系,且在直径为"φ120"圆周上。

(2)切除圆柱孔:选择"拉伸切除"工具,终止条件类型为"成形到下一面",单击☑按钮。

(3)绘制圆柱草图:仍以该面为草图基准面,单击直径为"18"圆的草图,单击"☐转换实体引用"按钮,再绘制一直径为"9"的圆(见图4-36),圆心与直径为"18"圆的圆心重合,如图4-36所示,选择"拉伸凸台/基体"工具,拉伸深度为"7",单击☑按钮。

(4)圆周阵列安装孔:单击"圆周阵列"工具,将刚制作的"切除-拉伸"和"凸台-拉伸"两特征绕"基准轴1"在360°范围内阵列6个特征。

步骤4:键槽切除

单击回转主体左端面,以该面为草图基准面,按图4-37所示尺寸绘制矩形,选择"拉伸切除"工具,终止条件类型为"完全贯穿",单击☑按钮。

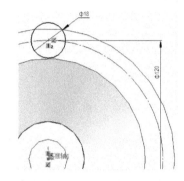

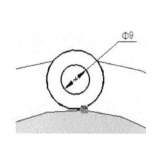

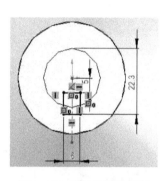

图4-35 机匣盖安装孔草图1　　图4-36 机匣盖安装孔草图2　　图4-37 机匣盖键槽草图

步骤5:锥面上凸台建模

(1)作"基准面1":在设计树中单击"前视基准面"和"基准轴1",选择"基准面"工具,按图4-38所示设置各参数。

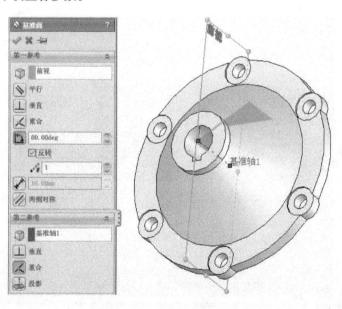

图4-38 锥面凸台基准面1

（2）锥面凸台定位：单击"基准面1"，单击"草图绘制"工具，再单击"正视于"工具，按图4-39（a）所示，单击锥面与"基准面1"相交处的轮廓线，单击"🔳转换实体引用"按钮，在"基准面1"上有一条锥面轮廓线；单击"等距实体"工具，按图4-39（b）所示作一条与锥面轮廓平行距离为"3"的直线，再在该直线上绘制一点，点与主体轴线的距离是"40"，该点以备后用，再作一条与锥面轮廓线平行距离为"8"的直线，退出并保存草图。

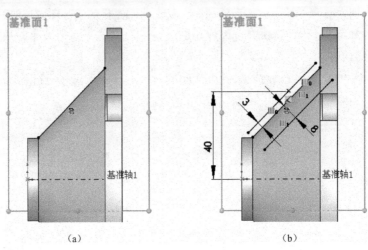

（a）　　　　　　　　　　　　　（b）

图4-39　锥面凸台定位

（3）作"基准面2"：在设计树中单击"基准面1"，再单击刚才所作的与锥面轮廓线距离为"8"的直线，选择"基准面"工具，作一与"基准面1"垂直的"基准面2"，如图4-40所示。

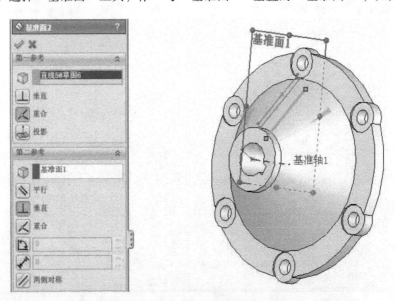

图4-40　锥面凸台基准面2

（4）绘制凸台草图：在"基准面2"上绘制图4-41所示草图，其中矩形用"🔳三点中心矩形"工具绘制，圆心和矩形中心与之前所绘制的点（在等距直线上）"重合"，矩形的长边与锥面轮廓线"垂直"。

（5）拉伸凸台：单击"拉伸凸台/基体"工具，终止条件类型为"到离指定面指定距离"，单击圆锥面，注意拉伸方向，单击☑按钮。

（6）凸台打圆孔：选择"拉伸切除"工具，在"所选轮廓（S）"方框中选择直径为"12"的圆，"方向一"和"方向二"的终止条件类型均为"成形到一面"，分别单击圆锥内表面和凸台表面，单击☑按钮。

（7）选择"圆角"工具，在凸台 4 条棱线处倒圆角，半径为"3"，结果如图 4-42 所示。

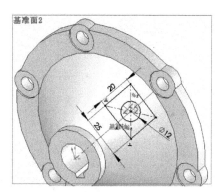

图 4-41　机匣盖锥面上凸台草图

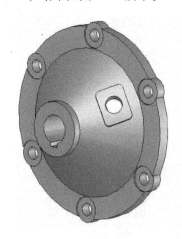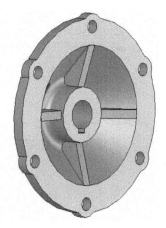

图 4-42　机匣盖建模效果

【实例 4-5】门环拉手建模。

分析：图 4-43 所示为门环拉手的二维图，该零件大致可分为拉手固定环和拉手。零件为左右和前后对称，从俯视图和左视图看出，拉手部分上下端截面均为椭圆，且在相互垂直的基准面上，侧面轮廓为圆弧，圆弧下端与椭圆相切，上端与直径为"15"的圆相交，从主视图看，拉手的整个外形为半椭圆，建模考虑带引导线放样；拉手固定环是圆柱结构，可以通过"凸台拉伸/基体"和"拉伸切除"完成。由于零件为对称结构，因此只对左半部分进行建模，然后通过镜像完成整个零件建模工作。

操作步骤

步骤 1：拉手引导线草图

（1）投影曲线草图：选择"前视基准面"，用"部分椭圆弧（P）"工具，绘制四分之一椭圆弧，圆心在坐标原点，长轴尺寸为"70"，短轴尺寸为"45"，椭圆上的两个象限点分别与坐标原点"水平"和"垂直"，如图 4-44（a）所示，该草图命名为"中心椭圆"，退出草图。

（2）作辅助"基准面 1"：选择"右视基准面"和椭圆弧左边象限点，单击"基准面"工具，构建一过椭圆弧象限点且与"右视基准面"平行的"基准面 1"，如图 4-44（b）所示。

（3）创建圆柱：选择"基准面 1"，在坐标原点绘制一圆，直径为"15"，如图 4-44（b）所示；单击"凸台拉伸/基体"工具，将其拉伸，深度为"10"，终止条件类型为"两侧对称"。

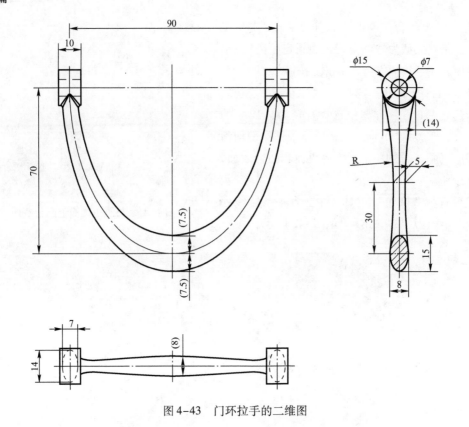

图 4-43　门环拉手的二维图

（4）绘制椭圆：选择"右视基准面"，在该基准面上绘制一如图 4-44（c）所示的椭圆，椭圆圆心与四分之一椭圆弧的下端象限点"重合"，长轴端的象限点与坐标原点"竖直"，退出并保存草图。

（5）创建圆弧曲面：再次选择"右视基准面"，用"三点圆弧（T）"工具在该基准面上绘制一如图 4-44（d）所示的圆弧，圆弧下端与椭圆"相切"；选择"点"工具，在圆弧中间段绘制一点，该点具体位置如图 4-44（d）所示，再在圆弧上端绘制一点，该点与"$\phi15$"的圆"重合"，尺寸如图 4-44（d）所示。单击"拉伸曲面"工具，拉伸圆弧，终止条件类型为"成形到一面"，单击圆柱左侧端面，单击☑按钮。

（6）作投影曲线：单击菜单"插入（T）"/"曲线（U）"/"▣投影曲线（P）…"命令，在"投影曲线"属性面板的"投影类型"中，选择"面上草图（K）"，在"要投影的草图"方框中选择"四分之一椭圆草图"，在"投影面"方框中选择刚拉伸的曲面，单击☑按钮，该投影曲线为放样特征的第一条引导线。

（7）绘制第二条引导线：隐藏曲面，选择"前视基准面"，在该基准面上绘制一如图 4-43 所示的四分之一椭圆，圆心在坐标原点，椭圆弧的长轴端点与图 4-44（c）所示椭圆的长轴端点"重合"，椭圆弧的短轴端点与坐标原点"水平"，单击设计树中"曲面"和"曲线"前"⊞"符号，将两草图设为"显示"，在椭圆弧上端绘制一点，该点与图 4-44（d）中与"$\phi15$"的圆"重合"的点［图 4-45（a）中圆圈圈出部分］"水平"，同时在中心椭圆上也绘制一点，该点与刚作的点也"水平"，且两点的距离为"3.5"，具体如图 4-45（a）所示，退出并保存草图。

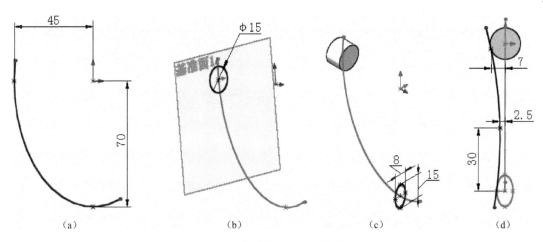

图 4-44　拉手第一条引导线草图

（8）绘制第三条引导线：再选择"前视基准面"，绘制图 4-45（b）所示四分之一椭圆，作法同上，退出并保存草图。

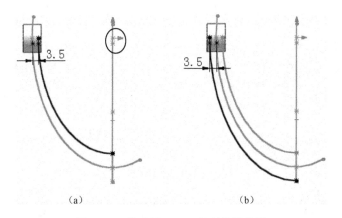

图 4-45　拉手第二、三条引导线草图

步骤 2：拉手轮廓草图

（1）绘制第一个放样草图：选择"右视基准面"，按图 4-46（a）所示绘制半个椭圆，椭圆的两个长轴端点分别与两条椭圆弧添加"穿透"几何条件，短轴端点与投影曲线添加"穿透"几何条件，退出草图。

（2）作辅助"基准面 2"：选择"上视基准面"，再选择图 4-44（d）中与"φ15"的圆"重合"的点，单击"基准面"工具，作一过该点且与"上视基准面"平行的"基准面 2"。

（3）绘制第二个放样草图：在"基准面 2"上绘制半个椭圆（注意必须与之前绘制的半个椭圆方向一致），椭圆的两个短轴端点分别与两条椭圆弧添加"穿透"几何条件，长轴端点与投影曲线添加"穿透"几何条件，退出并保存草图。

步骤 3：拉手放样

单击"放样凸台/基体"工具，在"轮廓（P）"方框中单击两个半椭圆草图，在"引导线（G）"方框中分别单击两个四分之一椭圆和投影线，单击☑按钮。

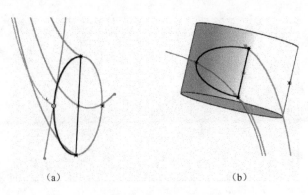

（a）   （b）

图 4-46   拉手轮廓草图

步骤 4：镜向放样特征

单击"镜向"工具，在"镜向"属性面板的"镜向面/基准面(M)"方框中单击放样特征的平面，在"要镜向的特征(F)"方框中单击"放样"特征，单击☑按钮。

步骤 5：圆柱挖孔

选择圆柱右侧面，绘制一与其同心的圆，直径为"φ7"；单击"拉伸切除"工具，在圆柱轴心处挖孔，终止条件类型为"成形到一面"，单击圆柱左侧面，单击☑按钮。

步骤 6：镜向放样实体

单击"镜向"工具，在"镜向"属性面板的"镜向面/ 基准面(M)"方框中单击放样实体的右侧面，在"要镜向的实体(B)"方框中单击绘图区域中的实体，单击☑按钮。

步骤 7：添加圆角

单击"圆角"工具，在圆柱和拉手连接处添加半径为"R1"的圆角。在设计树中，将圆角特征拖到镜向实体特征上面，效果如图 4-47 所示。

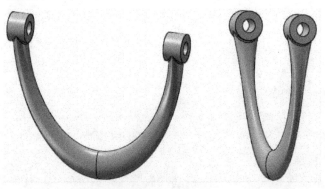

图 4-47   门环拉手效果

该零件也可用扫描特征来完成，只要将中心椭圆转换到"前视基准面"，该草图作为路径，引导线只要一个四分之一椭圆和投影曲线即可。

该模型也可用扫描进行建模。

操作步骤

步骤 1：绘制拉手路径线草图

选择"前视基准面"，绘制四分之一椭圆弧，圆心在坐标原点，长轴尺寸为"70"，短轴尺寸为"45",椭圆上的两个象限点分别与坐标原点"水平"和"垂直",如图4-48所示,该草图为路径线,退出草图。

步骤2:绘制拉手引导线1和引导线2草图

在"前视基准面"绘制两条四分之一椭圆弧(在同一草图),作法同上,尺寸如图4-49所示,这两个草图为引导线1和引导线2,退出草图。

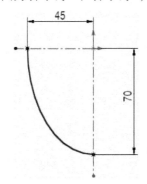

图4-48 门环拉手路径线草图

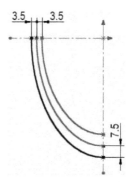

图4-49 门环拉手引导线草图

步骤3:创建拉手引导线——投影曲线

(1)创建构造线:选择"右视基准面"绘制椭圆,圆心与路径椭圆弧的下端象限点"重合",长轴端的象限点与坐标原点"竖直";绘制直径为"15"的圆,圆心与坐标原点重合,将椭圆和圆设置为"构造线"。

(2)绘制投影曲线草图:在"右视基准面"上,用"三点圆弧(T)"工具绘制圆弧1,尺寸如图4-50(a)所示,退出并保存草图;再在"右视基准面"上绘制圆弧2,该圆弧与前一条圆弧对称,如图4-50(b)所示,退出并保存草图。

(3)创建投影曲线:单击菜单"插入(T)"/"曲线(U)"/"投影曲线(P)..."命令,在图4-51所示的"投影曲线"属性面板的"投影类型"中选中"草图上草图(E)"单选按钮,在"要投影的草图"方框中选择一条圆弧和路径线,单击按钮,创建第一条投影曲线;同理,选择另一条圆弧和路径线创建第二条投影曲线。再次选择路径线时,需单击设计树中"曲线"前的"团"符号,单击路径线草图使其显示。

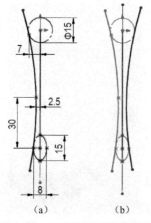

图4-50 门环拉手引导线草图

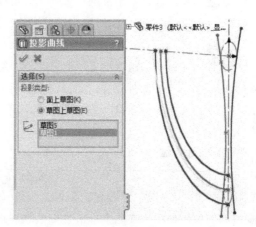

图4-51 创建投影曲线

步骤4：绘制拉手扫描轮廓草图

选择"上视基准面"绘制椭圆，圆心与路径椭圆弧的上端象限点"重合"，椭圆的4个象限点分别与椭圆引导线和两条投影曲线"穿透"，如图4-52所示，退出并保存草图。

步骤5：拉手扫描

单击"扫描"工具，在图4-53所示的"扫描"属性面板的"轮廓"方框中单击椭圆，在"路径"方框中单击四分之一椭圆路径，在"引导线（G）"方框中分别单击两个四分之一椭圆弧和投影曲线，单击☑按钮。

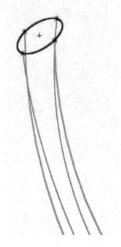

图4-52 扫描轮廓草图

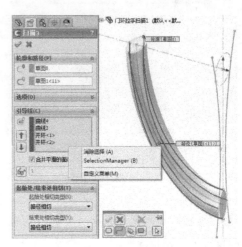

图4-53 扫描特征

注意：因为两条引导线是在同一基准面上作的，所以在选择这两条线时不能以草图形式选择。右击"引导线（C）"方框，在弹出的快捷菜单中选择SelectiongManager（B）命令，单击"选择开环"，单击一条引导线，单击☑按钮，即可分别选择引导线。

步骤6：创建圆柱

（1）作辅助"基准面1"：选择"右视基准面"和路径椭圆弧左边象限点，单击"基准面"工具，构建一过椭圆弧象限点且与"右视基准面"平行的"基准面1"。

（2）创建圆柱：选择"基准面1"，在坐标原点绘制一圆，直径为"φ15"，单击"凸台拉伸/基体"工具，将其拉伸，深度为"10"，终止条件类型为"两侧对称"。

（3）圆柱切孔：在"基准面1"上再绘制一直径为"φ7"的圆，单击"拉伸切除"工具，在圆柱轴心处挖孔，"方向1"和"方向2"终止条件类型为"完全贯穿"，单击☑按钮。

步骤7：镜向实体

单击"镜向"工具，在"镜向"属性面板的"镜向面/基准面（M）"方框中单击放样实体的右侧平面，在"要镜向的实体（B）"方框中单击绘图区域中的实体，单击☑按钮。最终效果如图4-54所示。

图4-54 扫描建模门环拉手最终效果

第二节 SWFIT 功能使用

在所有 CAD 软件系统中，SolidWorks 首创了"专家"软件工具集，它实现了基本功能和常见功能的自动化，能切实解决设计问题，就像是最有经验的 CAD 专家所做到的那样。这些工具统称为 SWIFT（SolidWorks Intelligent Feature Technology，SolidWorks 智能特征技术），SWIFT 包含一系列专家工具，这些专家工具用于诊断和处理特征顺序、配合、草图关系等问题。

SWIFT 的 6 项功能可以几乎解决所有用户都会遇到的复杂问题：FeatureXpert、DraftXpert、FilletXpert、SketchXpert、MateXpert、DimXpert。其中，FeatureXpert、FilletXpert 和 DraftXpert 具有用户失败时自动修复功能；SketchXpert 具有绘制剖面时自动解决尺寸冲突功能；MateXpert 具有配合零部件时自动解决装配体冲突功能；DimXpert 具有自动、智能地为用户的工程图标注尺寸。这些 SolidWorks Xperts 工具可帮助新手熟练使用 SolidWorks，而不必理解软件的细节，以下介绍其中几个工具的功能。

一、FeatureXpert 功能

FeatureXpert 功能只在圆角和拔模失败的特殊情况下才使用。FeatureXpert 会利用所有模型中所有相邻的圆角去创建一个解决方案。这种自动生成的解决方案也许会将某一组已有的圆角集合再次拆分成不同的圆角特征，并重新排序。当设计者在添加或更改"拔模""圆角"特征，可引起重建错误的等半径圆角和中性面拔模时，会弹出"什么错"对话框，并且有错误说明。单击对话框中的 FeatureXpert，运行 FeatureXpert 可以尝试修复错误。

以往对周边都倒圆角的长方体侧面不能添加拔模特征，如一定要添加拔模特征，必须退回到生成圆角特征之前，然后对侧面进行拔模。FeatureXpert 工具让用户在圆角或拔模特征遇到困难时，会自动修复这个问题。

二、DraftXpert 功能

DraftXpert 功能用于快速添加多个不同拔模角度的中性面拔模，将顺序问题留给系统来处理。它自动利用 FeartureXpert 和"重排序"技术来解决创建拔模过程中存在的潜在问题。

DraftXpert 拔模专家系统可以试验并解决拔模过程中的错误。设计者只需选择拔模角度和拔模参考，DraftXpert 会自动重新排序相邻圆角之前的拔模特征。能自动调用 FeatureXpert 求解初始没有进入模型的拔模特征，使用添加选项卡生成新的拔模特征，或使用更改选项卡修改拔模特征。

【实例 4-6】 在图 4-55 所示长方体右侧面添加拔模特征，拔模斜度为 20°，上小下大。

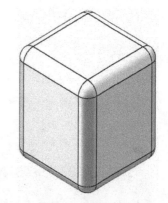

图 4-55 带圆角长方体

操作步骤

步骤1：设置选项

单击"▣选项"按钮或单击菜单"工具（T）"/"选项（P）…"命令，弹出"系统选项（S）"对话框，单击"普通"选项，在右侧选中"启用 FeatureXpert（E）"复选框，单击"确定"按钮。

步骤2：手工拔模

单击"拔模"工具，出现"拔模"属性面板，单击"手工"标签，"拔模类型（T）"选择"中心面（E）"，在"拔模角度（G）"文本框中输入"20"，在"中性面（F）"方框中选择长方体底面，在"拔模面（F）"方框中选择长方体右侧面，单击☑按钮。弹出图4-56所示的对话框，提示"无法构造其拔模"。

图4-56　拔模出错信息

步骤3：FeatureXpert 修复拔模特征

单击图4-56所示"什么错"对话框下方的 FeatureXpert 按钮，弹出图4-57所示的 FeatureXpert 特征修复对话框。修复完成后，仔细观察设计树中的特征，发现"拔模特征"在"圆角特征"上面，FeatureXpert 工具自动调整了各特征的顺序，效果如图4-58所示。

图4-57　FeartureXpert 特征修复对话框

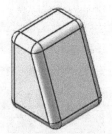

图4-58　用 FeatureXpert 修复拔模的效果

步骤4：DraftXpert 拔模专家拔模

关闭图4-56所示的"什么错"对话框，在"拔模"属性面板中，单击 DraftXpert 标签，其他所有选项同前，单击☑按钮。同样出现图4-57所示的FeatureXpert对话框，观察绘图窗口中的模型，右侧面已倾斜，单击☑按钮，完成拔模。设计树中的"拔模特征"同样在"圆角特征"上面。FeatureXpert专家自动判断模型特性，处理了两个特征的先后顺序。

三、FilletXpert功能

FilletXpert功能用于快速高效地创建多个圆角，用户无须关心顺序问题。它自动利用FeartureXpert和"重排序"技术来解决创建圆角过程中存在的潜在问题。

利用FilletXpert圆角专家系统建立圆角，可以给设计人员带来更大的便利，设计人员只需要指定哪些实体需要倒圆角和圆角大小，至于圆角特征顺序由SolidWorks来解决。

1. 添加圆角

【实例4-7】利用FilletXpert功能，完成踏架中筋板与长圆形凸台之间的圆角制作。

分析：打开图4-30所示踏架模型，仔细观察设计树中的圆角特征，发现模型中有两个圆角特征，筋板上部轮廓线和其他部位的轮廓线、交线是分开倒圆角的，这是传统的CAD设计方法，制作者考虑了建立圆角的先后顺序，如果将筋板上端部与长圆形凸台相交处的圆角和筋板上部轮廓线一起倒圆角，则SolidWorks会提示圆角建模出错。

操作步骤

步骤1：删除圆角特征

右击设计树中的两"圆角"特征，在弹出的快捷菜单中选择"删除"命令。

步骤2：圆角特征

（1）在"系统选项(S)"对话框中选中"启用FeatureXpert(E)"复选框。

（2）选择"圆角"特征工具，在"圆角"属性面板中单击"手工"标签，"圆角类型(Y)"选择"等半径(C)"，在"圆角项目(I)"文本框中输入"3"，在"选择边线、面等"方框中选择模型中所有需倒圆角的棱线和交线、长方体与弯板的交线、弯板与圆柱的交线、筋板上端面与长圆形凸台的交线倒圆角，半径为"3"，单击☑按钮，弹出图4-59所示的对话框。

步骤3：FeatureXpert修复圆角特征

单击图4-59所示对话框下方的FeatureXpert按钮，弹出图4-60所示的FeatureXpert特征修复对话框，系统自动调用FilletXpert解决这些圆角错误问题和圆角特征先后顺序。修复完成后，发现在设计树中有两个"圆角"特征，FeatureXpert专家自动判断模型特性，处理倒圆角的先后顺序。

步骤4：FilletXpert圆角专家倒圆角

（1）删除设计树中的两"圆角"特征。

（2）重复步骤2，在"圆角"属性面板中，单击FilletXpert标签，再单击"添加"标签，其他选项同前，单击☑按钮，FeatureXpert专家系统进行判断，给出结果，进行圆角特征处理，如图4-61所示，同样在设计树中有两个"圆角"特征。

综上所述，对于踏架中筋板与长圆形凸台之间的圆角特征必须在筋板上端部圆角特征之前建立。对于许多设计者而言，可能不知道圆角特征建立的顺序，往往会被这个问题困扰，有了FilletXpert圆角专家，一切问题迎刃而解。

图 4-59　圆角出错信息

图 4-60　FeartureXpert 特征修复信息

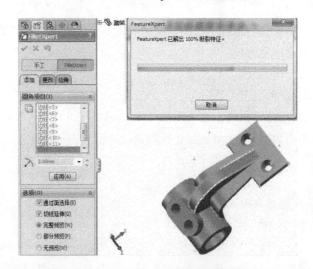

图 4-61　FilletXpert 圆角专家添加圆角

2. 更改圆角

FilletXpert 面板中的"更改"标签可以调整圆角的大小和移除圆角。

打开"FilletXpert 圆角"模型，选择"圆角"工具，在"圆角"属性面板中，单击 FilletXpert 标签。在 FilletXpert 面板中，单击"更改"标签，设置半径为 15 mm，按图 4-62所示选择模型中的边线，单击"调整大小（R）"按钮，结果所选边线的圆角由原来的 20 mm 均调整为 15 mm。

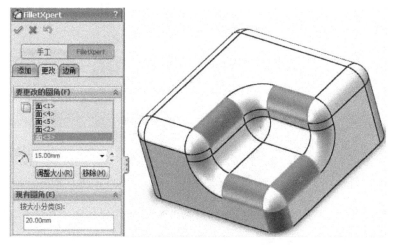

图 4-62　FilletXpert 圆角专家更改圆角

再次选择图 4-62 所示模型边线，单击"移除（M）"按钮，结果所选边线的圆角全被移去，单击 按钮，退出 FilletXpert 面板。

3. 边角处理

对于三条圆角边交汇在一个顶点的混合边角情况，可以使用 FilletXpert 面板中的"边角"标签来修改圆角边角过渡特征。

打开"FilletXpert 圆角"模型，选择"圆角"工具，在"圆角"属性面板中，单击 FilletXpert 标签。在 FilletXpert 面板中，单击"边角"标签，按图 4-63 所示选择模型中的边角，单击"显示选择（A）"按钮，选择图 4-63 所示方案，所选模型边角即刻改变。

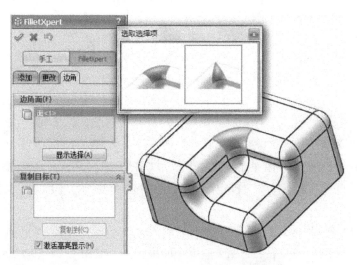

图 4-63　FilletXpert 圆角专家边角处理

FilletXpert 还可以将边角处理结果复制到模型中类似边角上。

单击模型中刚才处理的边角，选中"复制目标（T）"下面的"激活高亮显示（H）"复选框，单击"复制目标（T）"方框，相应边角高亮显示，选择另两个边角，单击"复制到（C）"按钮，效果如图 4-64 所示。

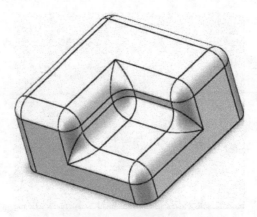

图 4-64　FilletXpert 圆角专家边角复制

四、SketchXpert 功能

SketchXpert 功能用来修正草图的过定义、无法解决或残缺状态。SketchXpert 草图专家，不仅能够显示草图尺寸和几何关系中的冲突，还提供了用于处理和解决这些冲突的解决方案，解除过定义草图。使用 SketchXpert 功能，设计者可以轻松、快捷地解决绘制草图时遇到的所有冲突。如果某一草图不能被求解，SketchXpert 会诊断问题并向用户提供一系列解决方案，用户可以使用这些解决方案移除多余的尺寸和不必要的几何关系，从而快速解决草图问题。

【实例 4-8】绘制图 4-65 所示草图，发现草图过定义时，利用 SketchXpert 功能，诊断和修复该草图。

分析：该草图是由直径为 ϕ20 的圆和两条相交并对称于垂直中心线的直线组成，两直线另一端在圆周上。在绘制草图时，如果先画圆，再画直线，单击圆周时，往往会自动添加"相切"几何关系，再标注尺寸，即会使草图过定义。

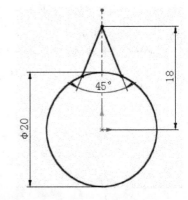

图 4-65　SketchXpert 修复草图

操作步骤

步骤 1：绘制草图

在"前视基准面"绘制草图并标注尺寸，弹出"将尺寸设为从动"对话框，选中"保留此尺寸为驱动 (L)"单选按钮，单击"确定"按钮。出现图 4-66 所示草图过定义信息。

步骤 2：诊断草图

单击绘图窗口下方的"⚠过定义"提示，启用 SketchXpert，在 SketchXpert 属性面板的"信息"栏中，单击"诊断 (D)"按钮，结果有 5 个解决方案，如图 4-67（a）所示，首先诊断出"对称"，单击向右箭头，分别诊断出："角度""距离""直径""相切"，在诊断出"相切"几何关系时，单击"接受 (A)"按钮，出现图 4-67（b）所示的信息，"草图现在可以找到一个有效的解"，单击☑按钮。修改直径尺寸为"ϕ20"即可。

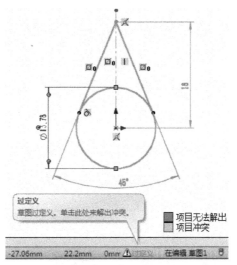

图 4-66　草图过定义

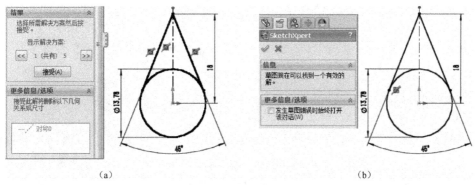

（a）　　　　　　　　　　　　　　　（b）

图 4-67　草图过定义诊断

步骤 3：手工修复草图

在图 4-67（a）SketchXpert 属性面板的"信息"栏中，单击"手工修复（R）"按钮，出现图 4-68 所示提示信息，在"有冲突的几何关系/尺寸"列表框中，单击"相切"命令，再单击属性面板下面的"删除（D）"按钮，同样出现图 4-67（b）所示的信息，单击☑按钮。

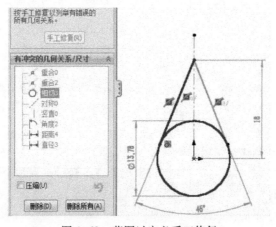

图 4-68　草图过定义手工修复

第三节　编辑修复建模错误

在 SolidWorks 软件中，设计者可以在任何时间编辑任何内容，也可以随时修改草图中的一些错误。常用的修改零件的流程如下：

1. 添加和删除几何关系

有时由于设计者的设计思路发生改变，必须要删除或修改草图中的几何关系。

2. 什么错

建模过程中出现错误，可以用"什么错"来查明错误原因。

3. 编辑草图

"编辑草图"可以修改草图中几何元素和几何关系。

4. 检查草图合法性

"检查草图合法性"可以查找草图中的问题，检验草图用于特征的合法性。设计者先编辑草图，再检验草图合法性。

5. 编辑特征

通过"编辑特征"改变特征的创建方式。编辑特征与创建特征所用的属性面板相同。

6. FeatureXpert、FilletXpert 和 DraftXpert

使用 FeatureXpert 可以自动修复圆角和倒角特征中的错误。使用 FilletXpert、DraftXpert 可以添加圆角和拔模特征。

【实例 4-9】编辑修改图 4-69 所示手动阀阀体零件建模。

图 4-69　手动阀阀体编辑与修改

操作步骤

步骤 1：设置选项

单击"▣选项"按钮或单击菜单"工具(T)"/"选项(O)"命令，在"系统选项"对话框中单击"信息/错误/警告"选项，在右侧选中"每次重建模型时显示错误(Y)"复选框，在"显示 FeatureManager 树警告："下拉列表框中选择"始终"，单击"确定"按钮。

步骤 2：打开文件

打开手动阀阀体（修改）文件，系统提示"重建该文档吗?"，单击"重建(R)"按钮。

步骤 3：出错信息

重建模型后，系统弹出"什么错"对话框（见图 4-70），每个错误按照特征建模顺序罗列。其中，本例共有 23 个错误和警告，这些错误导致许多特征建模失败，因此在绘图窗口中无法显示模型，单击"关闭"按钮。

步骤 4：查看 FeatureManager 设计树

在图 4-71 所示的 FeatureManager 设计树中出现了许多提示错误和警告的标记，这些标记位于特征的右边，且各自有特殊意义：

（1）"⊜顶层错误"：表示在设计树下有错误。

（2）"⊞展开"：表示在此特征下有错误或警告。展开这些特征可以发现问题。

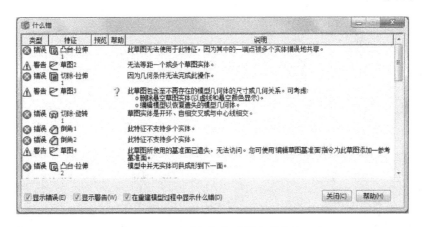

图4-70 手动阀阀体建模出错信息

（3）"❌错误"：表示此特征有问题，无法建立几何体。特征的名称用红色表示。

（4）"⚠警告"：表示此特征有问题，但可以建立几何体。悬空的几何体和几何关系通常会出现这种情况。特征的名称用黄色表示。

（5）正常特征：没有警告记号也没有错误记号。特征名称的颜色是黑色。

步骤5：修改"主体拉伸"特征错误

在建模时，特征按建模顺序在设计树中从上到下排列。修改错误的最好方法是从第一个有错误的特征开始修改。

（1）右击设计树中的第一个特征"主体拉伸"，在弹出的快捷菜单中选择"什么错"命令，弹出图4-72所示的"什么错"对话框，信息提示：此草图无法使用于此特征，因为其中的一端点被多个实体错误地共享。单击"关闭(C)"按钮。

图4-71 FeatureManager 设计树

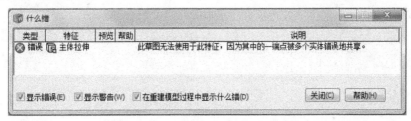

图4-72 "主体拉伸"特征的错误提示

（2）光标指到设计树中的"主体拉伸"特征，出现图4-73（a）所示信息，单击该特征，在快捷菜单中单击"编辑草图"按钮，图4-73（b）即为该草图，从图中可以看出，在左下角多了一条影响建模的直线，选中该线，按【Delete】键或右击，在弹出的快捷菜单中选择"删除"命令，退出并保存草图。

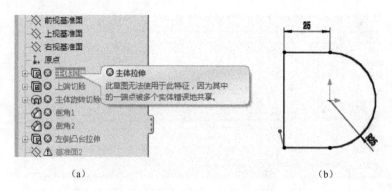

（a）   （b）

图4-73 "主体拉伸"特征出错信息

（3）在退出草图时，弹出图4-74所示对话框，该草图仍无法重建特征，说明其中还有错误。单击对话框中的"使用'检查草图合法性'来显示问题所在(S)"选项。在图4-75所示检测信息框中提示："此草图同时存在闭环或开环的轮廓线。要想现在就修复草图，单击'确定'"。单击"确定"按钮。同时发现草图中的一条圆弧高亮显示，说明这条线有问题。

图4-74 草图重建特征错误信息

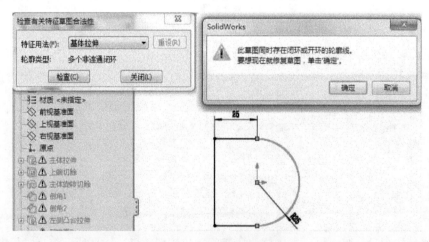

图4-75 草图错误信息检测

（4）单击图4-76所示"修复草图"信息框中的"≫向右"或"≪向左"按钮，逐个诊断错误。退出对话框，单击圆弧，发现圆周上有两个"同心"标记，可以断定这里有两条重合的圆弧，单击"删除"按钮，草图处于"欠定义"状态，标注尺寸，添加两直线与圆弧"相切"、圆弧圆心与坐标原点"重合"几何关系，退出并保存草图，系统又出现其他特征建模错误。

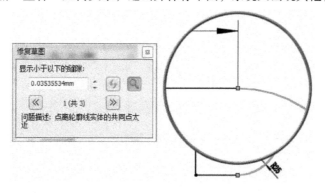

图 4-76 草图错误诊断

步骤 6：修改"主体旋转切除"特征错误

（1）光标指到设计树中的"主体旋转切除"特征，同样显示"草图实体是开环、自相交叉或与中心线相交"，说明草图存在问题，单击该特征，在快捷菜单中单击"编辑草图"按钮，放大坐标原点附近区域，发现有两个"绿色的点"（已用圆圈圈出），单击其中一个在坐标原点处的点，在图 4-77 所示的"点"属性面板中，发现该点的"重合"几何关系显示为"绿色"，说明该点"悬空"，即与原来重合的对象不存在，右击该"重合"几何关系，在弹出的快捷菜单中选择"删除"命令，另一点使用同样的方法，此时该两点所连接的直线处于"欠定义"状态，添加与模型底边"共线"几何关系，退出并保存草图。

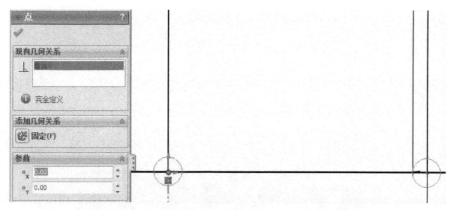

图 4-77 "点"属性面板

（2）在退出草图时，弹出图 4-74 所示对话框，该草图仍无法重建特征。单击对话框中的"使用'检查草图合法性'来显示问题所在(S)"。在检测信息框中提示："此草图有一个开环轮廓线。要想现在就修复草图，单击'确定'"。单击"确定"按钮。同时发现草图中的一条直线高亮显示，图 4-78 中高亮显示的直线确实与其他线条不封闭。在两条竖线之间添加一条水平线，退出并保存草图。

步骤 7：修改"左侧凸台拉伸"特征错误

（1）右击设计树中的"左侧凸台拉伸"，在弹出的快捷菜单中选择"什么错"命令，弹出

图 4-79 所示的"什么错"对话框，信息指出："此草图所使用的基准面已遗失，无法访问。您可使用'编辑草图基准面'指令为此草图添加一参考基准面"。单击"关闭（C）"按钮。

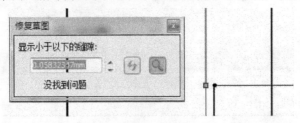

图 4-78　草图开环

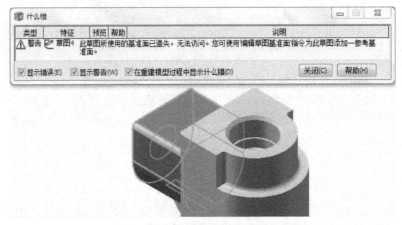

图 4-79　左侧凸台特征的"什么错"对话框

（2）单击设计树中的"左侧凸台拉伸"特征，在快捷菜单中单击"编辑草图"按钮，打开草图，发现草图无基准面，退出草图。再在快捷菜单中单击"编辑特征"按钮，特征的终止条件类型为"成形到下一面"，现在需要知道遗失的基准面与坐标原点的距离，退出特征编辑。

（3）单击"前视"按钮，单击"主体旋转特征"前的"＋"符号，单击该特征草图，使其显示，单击"智能尺寸"按钮，出现"尺寸"属性面板，单击"尺寸"中的"参考尺寸（R）"按钮，按图 4-80 量取草图面与坐标原点的距离，即草图面与"右视基准面"的距离，退出尺寸标注。

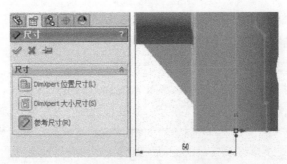

图 4-80　测量左侧草图与"右视基准面"距离

（4）选择"右视基准面"，单击"基准面"工具，在"距离"文本框中输入"60"，观察新建基准面的方向，选中"反转"复选框，单击按钮。在设计树中出现新基准面，将该基准面命名为"左侧基准面",将此基准面拖到"左侧凸台拉伸"特征前。

（5）单击设计树中的"左侧凸台拉伸"特征前的"⊞"符号，单击草图，在快捷菜单中单击"图编辑草图平面"按钮，在"草图绘制平面"属性面板的"草图基准面/面(P)"方框中单击"左侧基准面"（单击手动阀阀体前的"⊞"符号，展开其各特征），如图4-81所示，单击☑按钮。

步骤8：编辑"基准面2"

（1）光标指到设计树中的"基准面2"，显示"警告：无法找到面或基准面"。

（2）单击设计树中的"基准面2"，在快捷菜单中单击"编辑特征"按钮，在"基准面2"属性面板"信息"栏提示："当前参考引用和约束组合无效，所有参考方框中无任何选项"。在"第一参考"方框中单击"左侧基准面"，在"偏移距离"文本框中输入"118"，单击☑按钮。

图4-81 编辑草图平面

步骤9：修改"右侧凸台拉伸"特征错误

（1）光标指到设计树中的"右侧凸台拉伸"特征，显示"无法找到该特征的结束面"。显然建模特征有错。

（2）单击设计树中的"右侧凸台拉伸"特征，在快捷菜单中单击"编辑特征"按钮，在"右侧凸台拉伸"属性面板中，特征的终止条件类型为"成形到一面"，而在"面/平面"方框中无任何选项，单击主体右侧圆柱面，单击☑按钮。

（3）尽管在绘图区域中看到了右侧圆柱，但在设计树中，其特征前还有警告标记，展开特征，当光标指到该特征的草图时，显示"警告：此草图包含至不再存在的模型几何体的尺寸或几何关系。可考虑：删除悬空草图实体（以虚线和悬空颜色显示）；编辑模型以恢复遗失的模型几何体。"编辑草图，发现标注圆心与主体底面的尺寸点呈绿色，表明尺寸的另一端已不存在，因此该尺寸处于"悬空"状态，删除这个尺寸，重新标注圆心与主体底面边线的距离"35"，退出并保存草图。

步骤10：修改"右凸台旋转切除"特征错误

光标指到设计树中的"右凸台旋转切除"特征，无任何显示，但该特征前有"⚠警告"标记，说明草图有错，展开特征，当光标指到该特征的草图时，同样显示"警告：此草图包含至不再存在的模型几何体的尺寸或几何关系。可考虑：删除悬空草图实体（以虚线和悬空颜色显示）；编辑模型以恢复遗失的模型几何体。"编辑草图，发现最左边的一条竖线上两个端点呈绿色，表明这两点"悬空"，删除这两点的几何关系，分别将两点与坐标原点之间添加"竖直"几何关系，退出并保存草图。

步骤11：修改"耳环凸台拉伸"特征错误

（1）光标指到设计树中的"耳环凸台拉伸"特征，显示"此草图含有一个开环轮廓线"。

（2）编辑草图，在草图中发现几条线没有围成封闭的轮廓，如图4-82所示。用"剪裁实体(T)"工具，将超出轮廓的线剪去，退出并保存草图。

步骤12：修改"筋"特征错误

（1）单击设计树中"筋"特征前的"⊞"符号，当光标指到该特征的草图时，显示"警告：草图过定义，考虑删除一些过定义的尺寸或几何关系"。

（2）编辑草图，草图中的项目冲突如图4-83所示。在绘图区域右下方有"项目无法解除""项目冲突"，单击下面的"⚠过定义"提示，弹出 SketchXpert 对话框，单击"诊断（D）"按钮，解决方案一"距离"；解决方案二"重合"，选择解决方案二，此时 SketchXpert 对话框中的信息显示"草图现在可以找到一个有效的解"，单击☑按钮，退出并保存草图。

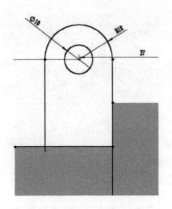

图4-82　草图有开环

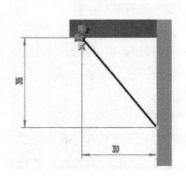

图4-83　筋特征草图过定义

步骤13：修改"圆角"特征错误

（1）光标指到设计树中的"圆角"特征时，显示"警告：要生成的圆角／倒角的边线并不存在"。

（2）编辑"圆角"特征，单击"圆角"属性面板中的☑按钮，弹出图4-84所示的对话框，单击"是（Y）"按钮，SolidWorks 自动移除遗失的参考引用边线等；单击"否（N）"按钮，在"圆角"属性面板的"边线、面、特征和环"方框中，逐个寻找"遗失的边线"，选中这些边线并右击，在弹出的快捷菜单中选择"删除"命令，单击☑按钮。

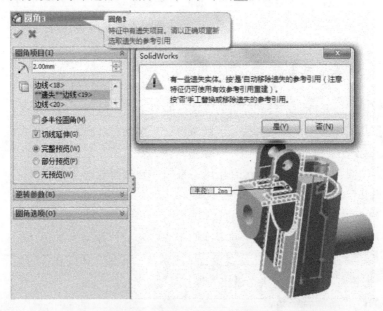

图4-84　修改"圆角"特征错误

手动阀阀体修改基本完成，在每个特征修复后，系统总会弹出图 4-85 所示的对话框，单击"继续（忽略错误）（C）"按钮；还会弹出"什么错"对话框，单击"关闭（C）"按钮即可。

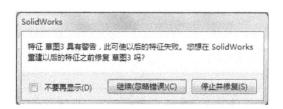

图 4-85 修改"圆角"特征错误对话框

第四节 自底向上的装配体建模

机器设备、仪器或部件都是由几个零件组成的。简单的可能只有几个零件，复杂的到几千几万个。在 SolidWorks 中，根据设备的工作原理和装配关系及各零件的相对位置，可以将已完成建模的零件组装在一起，这种装配体的设计方法称为自底向上（bottom-up）；也可以在装配体中进行零件设计与建模，这种装配体的设计方法称为自顶向下（top-down）。零件与零件之间、零件与子装配体之间、子装配体与子装配体之间进行重合配合、同轴配合、垂直配合、相切配合、平行配合、距离配合、角度配合等。

装配体工具栏用于控制零部件的管理、移动及其配合，插入智能扣件等，表 4-1 所示为常用创建装配体特征命令及其功能。

表 4-1 常用创建装配体特征命令及其功能

	特征命令及按钮	基本功能	补充说明
装配体建立	插入零部件	添加一现有零件或子装配体到装配体	插入新零件、新装配体、随配合复制
	配合	定位两个零件，使之相互重合、垂直、平行、同轴等	
	线性零部件阵列	以一个或两个线性方向阵列零部件	圆周零部件阵列、特征驱动零部件阵列、镜向零部件
	智能扣件	使用 SolidWorks Toolbox 标准硬件库将扣件添加到装配体	
	移动零部件	在由其配合所定义的自由度内移动零部件	
	旋转零部件	在由其配合所定义的自由度内旋转零部件	

特征命令及按钮	基本功能	补充说明
配体特征	装配体特征	生成各种装配体特征	孔系列、异型孔向导、简单直孔、拉伸切除、旋转切除、扫描切除、圆角、倒角、焊缝、皮带/链
	参考几何体	参考几何体指令	基准面、基准轴、坐标系、点、配合参考
装配体编辑	隐藏/显示零部件	切换与所选零部件关联模型的显示/隐藏状态	
	显示隐藏的零件	临时显示所有隐藏的零部件并使选定的隐藏零部件可见	
	更改透明度	更改零部件的透明度	
	改变压缩状态	改变所选零部件的压缩或还原	解除压缩
	编辑零部件	切换编辑零部件和编辑装配体状态	
爆炸与动画	爆炸视图	将零部件分离成爆炸视图	
	爆炸直线草图	添加或编辑显示爆炸的零部件之间几何关系的3D草图	
	新建运动算例	插入新运动算例	
装配体检查等	干涉检查	检查零部件之间的任何干涉	
	间隙验证	验证零部件之间的间隙	
	孔对齐	检查装配体孔对齐	
	材料明细表	添加材料明细表	
	装配体直观	按自定义属性直观装配体零部件面	
	AssemblyXpert	显示当前装配体的统计数据并检查其状况	

本节以手动阀为例，利用已有的各零件，创建一个手动阀装配体。通过各零件之间、零件与子装配体之间的配合，讲述装配体的建模方法和技巧。

一、创建新装配体

可以直接创建新装配体文件，也可以通过已打开的零件或装配体来创建。新装配体文件包含1个坐标原点、3个标准基准面和1个配合文件夹。

启动 SolidWorks 软件，单击"新建"按钮或单击菜单"文件(F)"/"新建(N)…"命令，在"新建 SolidWorks 文件"对话框中，单击"装配体"按钮，再单击"确定"按钮。

二、放置第一个零部件

制作装配体，要按照装配过程依次导入相关的零部件。

1. 插入第一个零部件

单击"开始装配体"属性面板中的"浏览（B）..."按钮（见图4-86），打开"素材源文件"/"SolidWorks软件应用"/"第四章"/"手动阀"/"阀体"零件，在装配体窗口中出现"阀体"零件，该零件随光标移动。单击窗口上部前导视图工具栏中的"🎨隐藏/显示项目"下拉按钮，选择"🎯观阅原点"选项，在窗口中出现装配体坐标原点，当光标靠近该原点时，鼠标指针形状为双坐标状，如图4-86所示。单击坐标原点，此时零件的坐标原点与装配体坐标原点重合，同时零件的3个标准基准面与装配体的3个标准基准面分别重合。

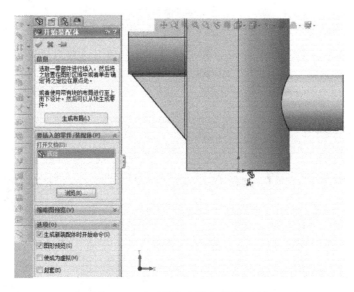

图4-86 "开始装配体"属性面板

因为在装配体中加入第一个零部件时，零部件的坐标原点、标准基准面均与装配体中的坐标原点、标准基准面重合，因此这个零部件已被完全定位，不可移动。

插入到装配体中的第一个零部件的默认状态是"固定"（见图4-87），而固定的零部件不能被移动和转动，其他零部件插入后，依次配合到它上面，这样整个装配体将不可移动。

2. 保存装配体文件

单击菜单"文件（F）"/"另存为（A）..."命令，命名装配体为"手动阀"，装配体文件的扩展名为 *. sldasm。

图4-87 第一个零部件状态

三、设计树及符号

1. 自由度

插入到装配体中的零部件在配合或固定之前有 6 个自由度，分别是：沿 X、Y、Z 轴的移动和绕 X、Y、Z 轴的转动，一个零部件在装配体中的运动是由它的自由度决定的。使用"固定"和"插入配合"命令可以限制零部件的自由度。

2. 零部件状态

插入到装配体的零部件使用与零件环境中同样的顶层图标，如图 4-87 中的阀体零件。零部件在装配体中的状态可以是完全定义、过定义和欠定义。如果一个零部件处于"过定义"或"欠定义"状态，其名称前会有一个包含于括号中的"⊞"符号或"⊟"符号。欠定义的零部件有一些自由度，如果装配体在完成建模后需做反映设备工作过程等的动画时，那么做运动的零部件需留有能反映运动的自由度。完全定义的零部件没有自由度。处于"固定"状态的零部件在其名称前有"（固定）"符号，表明该零部件固定于当前位置，这种固定不是依靠配合关系来限制其自由度的。若想改变零部件的"固定"状态，只需右击设计树中被"固定"零部件，在弹出的快捷菜单中选择"浮动(Q)"命令即可。如果零部件前有"?"符号，表明这个零部件没有解，所给信息不能使零部件定位。

四、配合文件夹

装配体中的配合关系被成组放入名为配合的配合文件夹中。一个配合文件夹是已经获得求解的配合集合，所有装配体都有一个配合文件夹，在设计树中，配合文件夹前有两个"回形针"图标，如图 4-88 所示。

一旦两个零部件之间添加配合关系，配合文件夹前就会出现"⊞"符号。配合是定义零部件位置和方向的平面、边、基准面、轴或草图几何体之间的关系，它们是草图中二维几何关联的三维表示。可以使用配合关系来定义零部件在装配体中是否可以移动或转动。

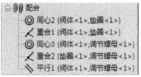

图 4-88　配合与配合组

五、插入其他零部件的方法

1. 从工具栏或菜单中插入零部件

单击"插入零部件"按钮或单击菜单"插入(I)"/"零部件(O)"/"现有零件/装配体(E)…"命令（见图 4-89），出现"插入零部件"属性面板，打开"素材源文件"/"SolidWorks 软件应用"/"第四章"/"手动阀"/"垫圈"零件，将该零件放置到适当位置。

图 4-89　从菜单插入新零件

2. 从零件窗口中拖动

打开"素材源文件"／"SolidWorks 软件应用"／"第四章"／"手动阀"文件夹中的"调节螺母""弹簧""阀杆""螺母"零件，单击菜单"窗口（W）"／"纵向平铺（V）"或"横向平铺（H）"命令，计算机屏幕上出现多个窗口，如图 4-90 所示，分别将"调节螺母""弹簧""阀杆""螺母"零件拖动到"手动阀"装配体窗口，关闭这些零件窗口。

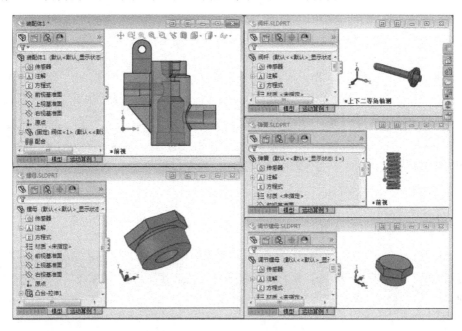

图 4-90 从窗口中拖动插入新零件

3. 打开零件所在文件夹

打开"素材源文件"／"SolidWorks 软件应用"／"第四章"／"手动阀"文件夹（见图 4-91），直接将"手柄""球头""销子"零件拖动到装配体窗口即可。

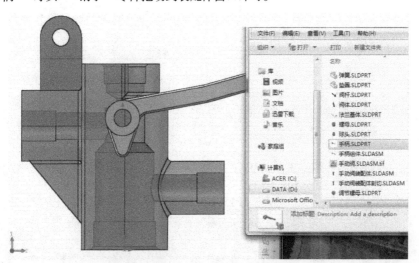

图 4-91 从文件夹中拖动插入新零件

六、移动和旋转零部件

在 SolidWorks 软件中，可以利用鼠标移动和旋转零部件，也可以利用"移动"和"旋转"工具移动和旋转零部件。

1. 鼠标移动和旋转零部件

右击设计树中的"垫圈"零件或单击窗口中"垫圈"零件，在弹出的快捷菜单中选择"以三重轴移动（M）"命令。三重轴包含坐标轴、平面和环（见图4-92）。使用三重轴可沿坐标轴/平面移动零件。具体操作：按零件所需移动方向选择轴，左键拖动该轴的箭头，零件随之移动，在移动过程中会出现刻度标尺，随时可看见移动的距离；通过圆环也可以转动零件，按零件所需转动的面单击相应的圆环，左键拖动该圆环可使零件随着圆环转动，在转动过程中会出现标有刻度的量角器，随时可看见转动的角度。

图4-92 三重轴移动和旋转

2. 使用工具移动和旋转零部件

单击"![]移动零部件"按钮，出现图4-93（a）所示的"移动零部件"属性面板，在"移动（M）"下拉列表中选择"自由移动"命令，在绘图窗口中，将垫圈拖到适当位置；单击面板中的"旋转（R）"，"移动零部件"属性面板转变为"旋转零部件"属性面板，如图4-93（b）所示，此时可旋转绘图窗口中的零部件，将"垫圈"零件旋转，使得其轴线尽可能地与阀体轴线平行，单击![]按钮。

(a)   (b)

图4-93 移动和旋转零部件属性面板

也可以单击"![]转动零部件"按钮，在绘图窗口中旋转或移动零部件。

七、零部件之间的配合

单击菜单"插入(I)"/"配合(M)…"命令或利用"配合"工具在零部件之间或零部件和装配体之间创建关联，常用的配合关系有"重合""同轴"。在 SolidWorks 软件中，可以利用多种对象来创建零部件之间的配合关系，如面、基准面、边、顶点、草图线及点、基准轴和原点等。

1. 同轴心和重合配合

（1）同轴心配合：单击"配合"按钮，在"配合"属性面板中选择"配合"标签，在"配合选择"方框中分别单击"垫圈"内孔圆柱面和阀体内圆柱面，选择完第二个零部件表面后，出现配合工具栏，在配合工具栏中显示了这两个零部件之间可能的配合关系，选择其中之一进行配合，一般选择"两圆柱表面"，在默认状态选中"同轴心"配合，如图 4-94 所示，无论是属性面板中的配合还是配合工具栏，同轴心选项均呈现选中状态（按钮下凹），单击配合工具栏中的 ✅ 按钮或属性面板中的 ✅ 按钮。

配合工具栏

图 4-94　同轴心配合

（2）重合配合：继续单击"阀体"零件下端表面和垫圈的上表面，在出现的配合工具栏中"重合"配合被选中（按钮下凹），在"配合"属性面板中的"配合对齐"下"反向对齐"被选中（根据两零件表面被选情况为默认状态），单击"同向对齐"按钮，"垫圈"零件会有 180° 翻转，再单击配合工具栏中的"翻转配合对齐"按钮，垫圈恢复原来状态，单击 ✅ 按钮，再单击 ✅ 按钮，退出配合。

2. 平行配合

按上述方法在"调节螺母"与"垫圈"两零件之间进行"同轴心"配合和"重合"配合。再选择"调节螺母"的一个侧平面和"阀体"前侧，系统默认配合类型为"重合"，如图 4-95 所示，因为这两个面不可能"重合"，故出现出错信息，单击配合工具栏中的"平行"按钮或

"配合"属性面板中的"图标平行"按钮，单击☑按钮，再单击☑按钮，退出配合。

图 4-95　平行配合

现在"垫圈"和"调节螺母"已装配到手动阀装配体中，观察设计树发现在"垫圈"前有个⊟符号，而"调节螺母"前无任何符号，再用"旋转"工具拖动"垫圈"，它能转动，该零件在装配体中处于"欠定义"状态，"调节螺母"处于"完全定义"状态。

3. 各零件装配

在装配各零件时，应先将各零件拖动到和旋转到适当的位置。

（1）弹簧装配：单击"阀体"，选择"📷隐藏零部件"，暂时隐藏"阀体"零件，单击"配合"工具，选择"调节螺母"内圆柱面底面和"弹簧"底面重合；再选择"📷隐藏零部件"，展开"阀体"和"弹簧"两零件，分别选择它们的"前视基准面"，添加"重合"配合；再选择它们的"右视基准面"，添加"重合"配合。

（2）阀杆装配：选择"阀杆"压环顶面和"弹簧"的顶面，添加"重合"配合，"阀杆"的圆柱面与"阀体"内圆柱面添加"同轴心"配合。

（3）螺母装配：选择"螺母"中外圆柱面和"阀体"内圆柱面添加"同轴心"配合，"螺母"的一个侧平面和"阀体"前侧添加"平行"配合。

（4）手柄装配："手柄"圆柱孔与"阀体"吊耳孔添加"同轴心"配合，"手柄"的"前视基准面"与"阀体"的"前视基准面"添加"重合"配合。

（5）销子装配："销子"的圆柱外表面与"阀体"吊耳孔添加"同轴心"配合，"销子"的端面与"阀体"吊耳端面添加"重合"配合。

（6）球头装配："球头"圆柱孔与"手柄"小圆柱外表面添加"同轴心"配合，"球头"的端面与"手柄"的端面添加"重合"配合。

4. 相切配合

单击"✏配合"按钮，单击"手柄"下侧平面和"阀杆"半球面，系统已检出"相切"配合，单击☑按钮，再单击☑按钮，退出配合。

八、插入子装配体

（1）删除"手柄"和"球头"两零件：右击"手柄"和"球头"两零件，在弹出的快捷菜单中选择"删除"命令，将这两零件从装配体中删除，单击"配合"文件夹前的"⊞"符号，发现这两个零件相应的配合关系全被删除。

（2）插入手柄组件：单击"🖼插入零部件"按钮或单击菜单"插入(I)"／"零部件(O)"／"🖼现有零件/装配体(E)…"命令。打开"手动阀"文件夹，双击"手柄组件"装配体，将该装配体放置到适当位置。

（3）"手柄"组件与"阀体"装配：选择"手柄"圆柱孔与"阀体"吊耳孔添加"同轴心"配合，"手柄"的"前视基准面"与"阀体"的"前视基准面"添加"重合"配合。

（4）"手柄"与"阀杆"装配：单击"✎配合"按钮，单击"手柄"下侧平面和"阀杆"半球面，系统已检出"相切"配合，单击✓按钮，再单击✓按钮，退出配合。

再次单击窗口上部工具栏中的"👓▾隐藏/显示项目"下拉按钮，选择"🕭观阅原点"选项，窗口中所有零部件的坐标原点全被隐藏。装配后的手动阀效果图如图 4-96 所示。

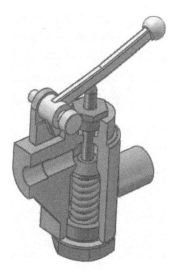

图 4-96　装配后的手动阀效果图

技能训练四

1. 按图 4-97 所示托架零件的二维图，制作它的三维建模。

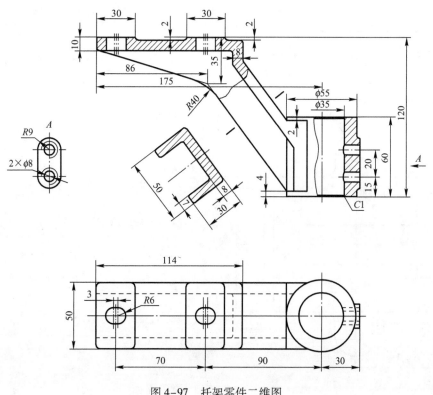

图 4-97　托架零件二维图

2. 按图 4-98 ～ 图 4-104 所示平口钳各零件的二维图，制作它们的三维模型，并按图 4-105 完成平口钳装配体。其中，标准件根据规格从设计库中调用。

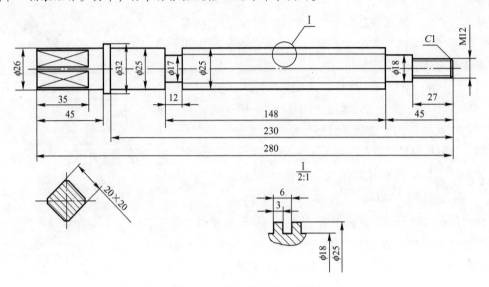

图 4-98　丝杠零件的二维图

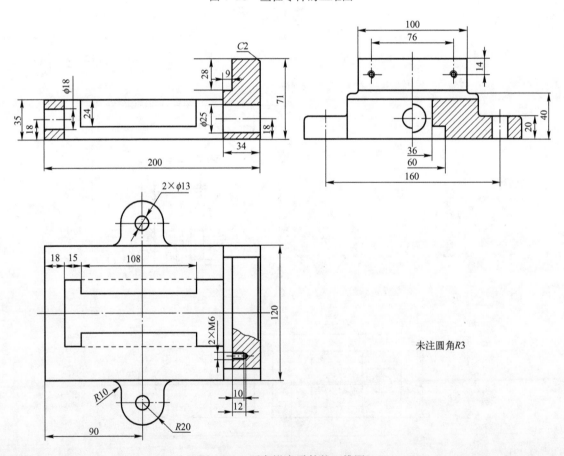

图 4-99　固定钳身零件的二维图

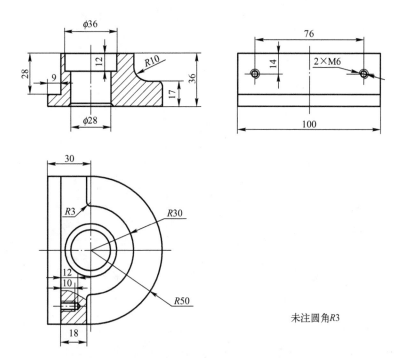

图 4-100　活动钳口零件的二维图

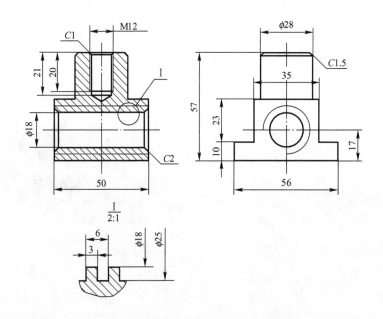

图 4-101　套螺母零件的二维图

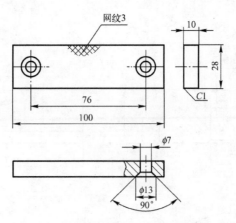

图 4-102　钳口板零件的二维图

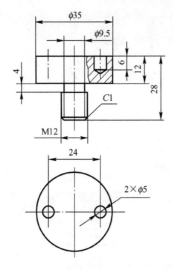

图 4-103　紧固螺钉零件的二维图

图 4-104　垫圈零件的二维图

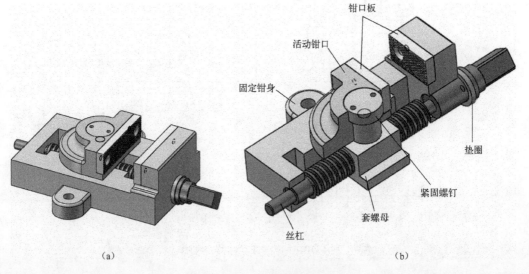

（a）　　　　　　　　　　　　　　　　（b）

图 4-105　平口钳装配体

提 高 篇

　　本篇以 CSWA 和 CSWP 系列考试要求并配合教学大纲进行编写。本篇系统地介绍了 SolidWorks 在高级三维建模、装配体设计、工程图设计、标准化模板以及钣金和焊接件等方面的功能，特别是对多实体建模和参数化建模的技巧进行了较详细的讲解，使读者能跟着书中的内容循序进入三维建模意境，开拓三维设计的思路。每章通过一个内容较全面的范例介绍具体的操作步骤，引领读者一步步完成模型的创建。

第五章

多实体建模

当一个单独的零件文件中包含多个连续实体时就形成了多实体。通常情况下，多实体建模技术用于设计包含具有一定距离的分离特征的零件。首先单独对零件中每一个分离的特征进行建模和修改，然后通过合并形成单一的零件实体。

学习目标

1. 掌握如何创建不同的多实体。
2. 掌握添加、删减和共同方式等组合多个实体。
3. 了解压凹工具改变实体形状。
4. 了解负空间建模制作方法。

第一节　多实体的创建

通过 SolidWorks 实体建立特征来建立多实体零件，使用选项来控制多实体的生成以及特征影响范围。

一、创建多实体的方法

创建多实体有多种方法，用户可以通过如下命令从单一特征创建多实体：

（1）拉升凸台和拉伸切除（包括薄壁特征）。

（2）旋转凸台和旋转切除（包括薄壁特征）。

（3）扫描凸台和扫描切除（包括薄壁特征）。

（4）放样切除。

（5）加厚切除。

（6）型腔。

二、合并结果

创建多实体最直接的方法是在创建某些凸台或切除特征时，在 PropertyManager 中取消选中"合并结果"复选框，但该选项在零件的第一个特征中不会出现。合并过程如图 5-1 所示。

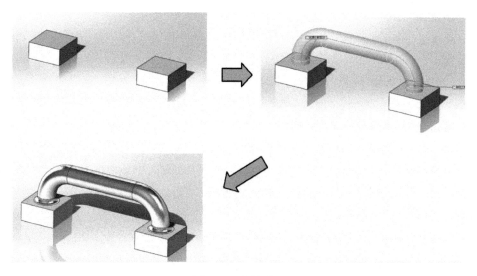

图 5-1 合并过程

三、多实体技术

【实例 5-1】 用多实体技术完成图 5-2 所示模型。

在本实例中，将探讨几种不同的多实体技术。

操作步骤

步骤 1：新建零件

以 mm（毫米）为单位新建零件，将"前视基准面"作为草图平面，创建一个半圆柱体，这个特征为零件的第一个特征，如图 5-3 所示。

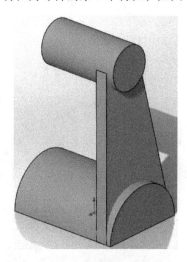

图 5-2 多实体技术建模

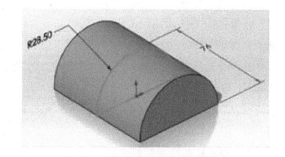

图 5-3 创建半圆柱体

步骤 2：创建多实体

创建第二个圆柱体，如图 5-4 所示。此时在 FeatureManager 设计树中有"实体"文件夹。

提示：

（1）如果零件中创建的凸台特征没有和第一个特征相交，就会保存为多实体。"合并结果"复选框默认为选中状态，如果随后进行的操作使实体相交，实体将合并。

（2）"实体"文件夹中包含了零件的所有实体，在"实体"文件夹中可以隐藏任何一个实体，每个实体以最后添加的特征命名。

在 FeatureManager 设计树中，展开"　实体(2) 实体"文件夹来操作。

步骤 3：展开"实体"文件夹

第二个圆柱体产生了零件的另一个实体，在 FeatureManager 设计树中，展开"实体(2)"文件夹，查看其中包括的特征，发现有"凸台 – 拉伸 1""凸台 – 拉伸 2"。

步骤 4：创建第三个实体

将右视基准面作为草图平面，利用两个圆柱体的边线创建一个平行四边形草图，如图 5-5所示。

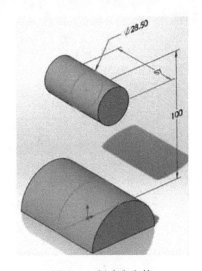

图 5-4 创建多实体

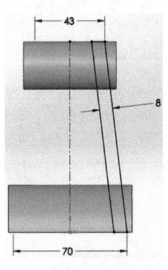

图 5-5 创建第三个实体草图

拉伸该草图，拉伸方向 1、方向 2，终止条件类型为"完全贯穿"，并取消选中"合并结果"复选框，效果如图 5-6 所示。

提示：通常实体的边线都会为了便于查看显示为黑色，注意第三个实体与前两个圆柱实体相交部分并没有显示黑色边线，这表示实体之间没有合并。

步骤 5：创建草图

将前视基准面作为草图平面，利用两个圆柱体的边线创建一个等腰梯形草图，如图 5-7所示。

步骤 6：创建拉伸切除特征

单击"　拉伸切除"按钮，设置拉伸"方向 1"终止条件类型为"完全贯穿"，并选中"反侧切除"复选框。

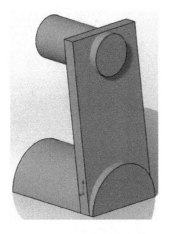

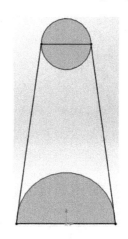

图 5-6　创建第三个实体　　　　　　　　　图 5-7　创建草图

单击"🐞细节预览"按钮，出现"细节预览"属性面板，取消选中"选项（O）"中的"高亮显示新的和修改的面（H）"复选框，并选中"只显示新的和修改的实体（S）"复选框，如图 5-8 所示。

查看预览结果，特征切除了所有的实体，如图 5-9 所示。

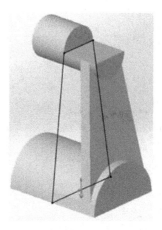

图 5-8　"细节预览"属性面板　　　　　　图 5-9　拉伸切除特征预览

步骤 7：关闭"细节预览"属性面板

再次单击"🐞细节预览"按钮，关闭"细节预览"属性面板。

步骤 8：设置特征范围

选中"所选实体"单选按钮，如图 5-10 所示。

步骤 9：选择实体

选择步骤 4 创建的"实体凸台－拉伸 3"，单击☑按钮，结果如图 5-11 所示。

步骤 10：查看结果

切除后的结果只影响了第三个实体。注意：切除特征并没有合并三个实体。

保存文件。

图 5-10　设置特征范围

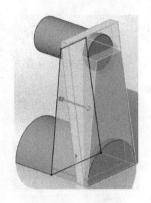

图 5-11　选择实体

第二节　组合多实体

通过"组合"实体特征，用户可以在零件中利用"添加""删减""共同"多个实体来创建单一实体。

一、布尔运算

通过不同的操作方式，可以在多个实体间进行不同形式的组合。"组合"工具有以下3种：

（1）添加："添加"选项通过"要组合的实体"列表合并多个实体，形成单一实体。在其他的 CAD 软件中，这种方式又称"合并"。

（2）删减："删减"选项通过指定一个"主要实体"和若干个"减除实体"，其他实体和主要实体重叠的部分将被删除，从而形成单一实体，这种方式又称布尔运算的"差集"。

（3）共同："共同"选项通过"组合的实体"列表，保留所有实体中的重叠部分，从而形成单一实体，这种方式又称布尔运算的"求交"。

多实体操作步骤

步骤1：组合实体

（1）打开"素材源文件"/"SolidWorks 软件应用"/"第五章"/Multibodies 零件，在特征工具栏中单击"组合"按钮或单击菜单"插入（I）"/"特征（F）"/"组合（B）…"命令。

（2）在图 5-12 所示的"组合"属性面板中，在"操作类型（O）"选项中选中"添加"单选按钮。激活"组合的实体（B）"方框，选择设计树中"实体"文件夹中的三个实体，单击按钮完成组合。

步骤2：添加特征

将"前视、右视基准面"作为草图平面，创建两个拉伸切除特征，如图 5-13 所示。

图 5-12　组合实体

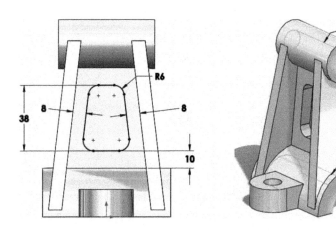

图 5-13　添加特征

步骤 3：添加圆角

创建圆角特征，半径为"1.5 mm"，结果如图 5-14 所示。

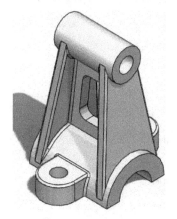

图 5-14　添加圆角

步骤 4：保存零件

将文件命名为"多实体零件"并保存。

二、组合实体示例

表 5-1 所示列举了不同组合方式产生的结果。

表 5-1　组合实体示例

组合方式	实　　例	
添加	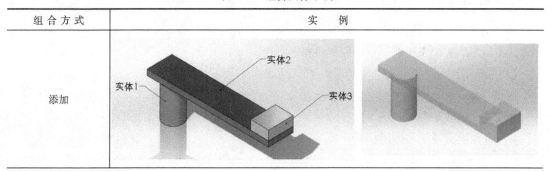	

组合方式	实　例
删减	
共同－2 个实体求交	
共同－3 个实体求交	

第三节　多实体应用

本节将用实例来介绍各种情况下的多实体建模方法以及各种情况下多实体的使用技巧。

一、组合工具

运用组合工具可以通过添加、删减、共同 3 种不同的操作方式将多个实体组合成单一实体。添加、删减实体类似于机械制造中的焊接和切削加工。

【实例5-2】用多实体技术构建图 5-15 所示的保护网板模型。

操作步骤

步骤 1：新建零件

以 mm 为单位新建名为"保护网板"的零件。

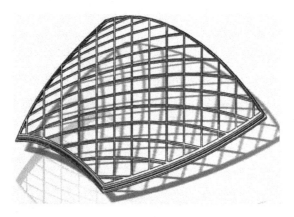

图 5-15　保护网板模型

步骤 2：绘制草图

将"右视基准面"作为草图平面绘制草图，如图 5-16 所示。

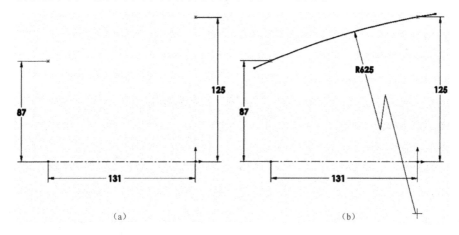

（a）　　　　　　　　　　　　　（b）

图 5-16　绘制草图

（1）绘制中心线。

（2）在中心线两端点上方绘制两个点，并添加竖直约束。

（3）标注中心线及点的尺寸。

（4）使用"三点圆弧(T)"方式绘制圆弧线段并添加点重合约束和标注尺寸（绘制圆弧线段时超出草图两个点一小段，以方便后面的建模）。

步骤 3：创建旋转薄壁特征

创建旋转薄壁特征时会提示"当前草图是开环，若要完成一个非薄壁的旋转特征需要一个闭合草图，是否自动将草图封闭"。

（1）单击"否"按钮，因为当前要创建一个薄壁特征。

（2）设置旋转类型为"两侧对称"，旋转角度为"90°"。

（3）设置薄壁类型为"单向"，方向为草图外侧，薄壁厚度为 1.0 mm，单击✅按钮，效果如图 5-17 所示。

步骤 4：创建草图

（1）将"上视基准面"作为草图平面，创建草图如图 5-18 所示。

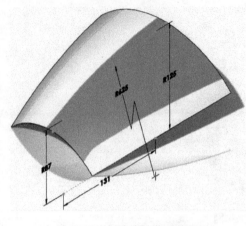

图 5-17　创建旋转薄壁特征

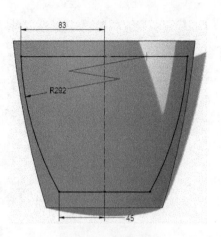

图 5-18　创建草图

（2）将"上视草图"视为对称结构，先绘制左侧部分，再使用草图中的镜像实体创建右侧部分。

（3）草图底部中心可以引用薄壁特征模型边线中点草图作为几何约束参考。

步骤 5：创建拉伸特征

（1）拉伸由步骤 4 创建的草图时需要完全贯穿薄壁特征，如图 5-19 所示。

（2）创建拉伸特征时取消选中"合并结果(M)"复选框。

（3）单击 按钮。

步骤 6：创建基准面

使用拉伸特征的顶面创建一个向下等距 1 mm 的基准面，如图 5-20 所示。创建的基准面将会在步骤 8 中使用。

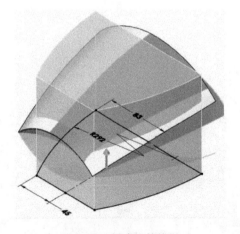

图 5-19　创建拉伸特征

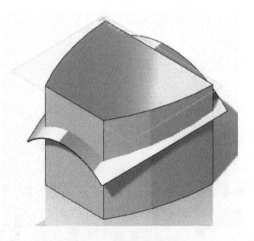

图 5-20　创建基准面

步骤 7：创建抽壳特征

创建一个壁厚为 3 mm 的抽壳特征，并将顶面移除，单击 按钮，如图 5-21 所示。

步骤 8：创建加强筋的直线

使用步骤 6 中创建的基准面为草图平面，绘制一条用于创建加强筋的直线，如图 5-22 所示。

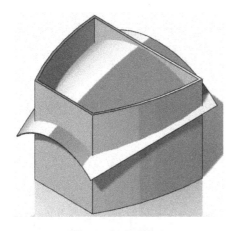

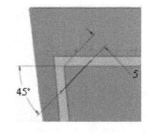

图 5-21　创建抽壳特征　　　　　　图 5-22　创建加强筋的直线

步骤 9：创建筋特征

（1）在特征工具栏中单击"[图标]筋"工具。设置筋类型为"双侧"，厚度为"1.00 mm"，拉伸方向为"垂直于草图"。

（2）"所选实体"选择抽壳实体作为生成筋特征的实体。

（3）单击[图标]按钮，结果如图 5-23 所示。

步骤 10：创建线性阵列特征

（1）展开设计树中的"筋"特征，单击其下的草图，使其处于显示状态。

（2）执行线性阵列命令，阵列"方向"为步骤 8 中草图的"线性尺寸 5"（展开"保护网板"，单击"筋"特征，此时该特征的两个尺寸都显示），"间距"为 12.75 mm，"实例数"为 14。

（3）取消选中"特征范围（F）"下的"自动选择（O）"复选框，在"所选实体（S）"下的方框中选择"筋"特征。

（4）选中"随形变化（V）"复选框，单击[图标]按钮，结果如图 5-24 所示。

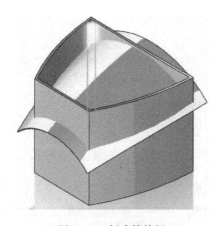

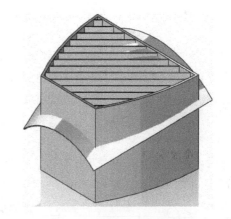

图 5-23　创建筋特征　　　　　　图 5-24　创建线性阵列特征

步骤 11：创建第二个筋和线性阵列

使用抽壳特征的顶面为草图平面。因为步骤 10 所创建的阵列筋将内壳空间划分为 16 格，如果使用和步骤9创建的筋相同的草图平面，生成的筋自动延伸会发生错误。只有已经存在的筋高才能生成正确的特征。

第二个筋的草图位于抽壳特征的右上角位置，结果如图5-25所示。

步骤12：组合实体

单击"▦组合"按钮，"操作类型（O）"选择"共同（C）"，"要组合的实体（B）"选择"薄壁和阵列实体"，单击☑按钮，效果如图5-26所示。

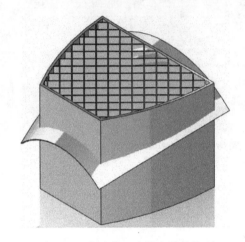 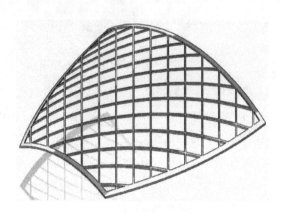

图5-25　创建第二个筋和线性阵列　　　　图5-26　组合实体效果

步骤13：保存零件

单击"保存"按钮，保存零件。

二、压凹特征

压凹特征使用一个或多个凹凸形状的"工具实体区域"来改变"目标实体"的形状，可以通过改变压凹特征的厚度和间隙值来控制目标实体的变化形状。

（1）目标实体："目标实体"是需要改变形状的实体或曲面。

（2）工具实体区域："工具实体区域"是用于改变目标实体区域形状的实体或曲面。

【**实例5-3**】对保护网板进行压凹特征处理，改变其部分形状。

操作步骤

步骤1：打开保护网板零件

打开先前制作的保护网板零件。

步骤2：退回特征

（1）展开第一个拉伸特征并拖动退回棒到其对应草图上，如图5-27（a）所示，弹出图5-27（b）所示的"临时解除特征"信息框，上面有临时解除吸收草图提示信息，单击"确定"按钮

（2）再次拖动退回棒至此拉伸特征草图下面，如图5-27（c）所示。

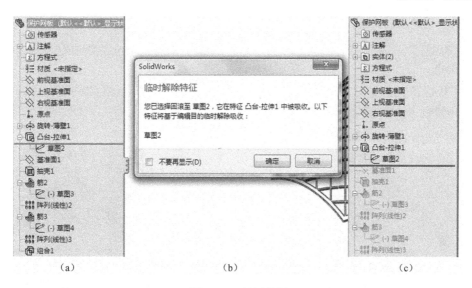

（a）　　　　　　　　　　　（b）　　　　　　　　　　　（c）

图 5-27　退回特征

步骤3：绘制草图

将"上视基准面"作为草图平面，创建草图，显示上个步骤中退回操作中的草图，选择此草图的轮廓向内等距"2"，如图 5-28 所示。

步骤4：创建拉伸特征

（1）拉伸由步骤 3 创建的草图，终止条件类型为"到指定面指定距离"，并选择旋转薄壁特征的上表面。

（2）设置"等距距离"为"1"，并选择"反向等距(V)"选项，确保生产的特征在旋转薄壁特征的上表面，如图 5-29 所示（取消合并结果选项）。

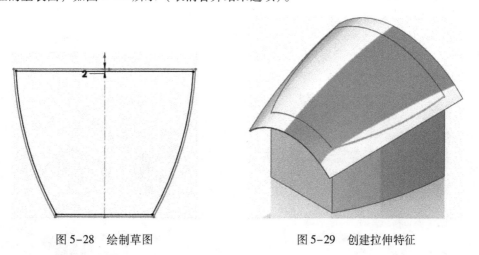

图 5-28　绘制草图　　　　　　　　　图 5-29　创建拉伸特征

步骤5：创建圆角特征

隐藏"凸台-拉伸 1"，对拉伸实体的 4 条边线添加半径为 0.5 的圆角，如图 5-30 所示。

步骤6：创建压凹特征

(1) 单击特征工具栏中的"□压凹"按钮或单击菜单"插入(I)"/"特征(F)"/"○压凹(N)…"命令。

(2) "目标实体："选择旋转薄壁实体；"工具实体区域："选择拉伸实体顶部曲面；在"参数(P)"中设置"□厚度"为"1"，设置"间隙"为"0"。

(3) 单击☑按钮，结果如图5-31所示。

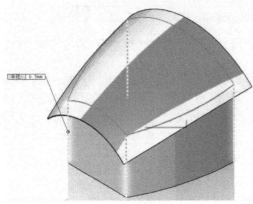

图5-30　创建圆角特征

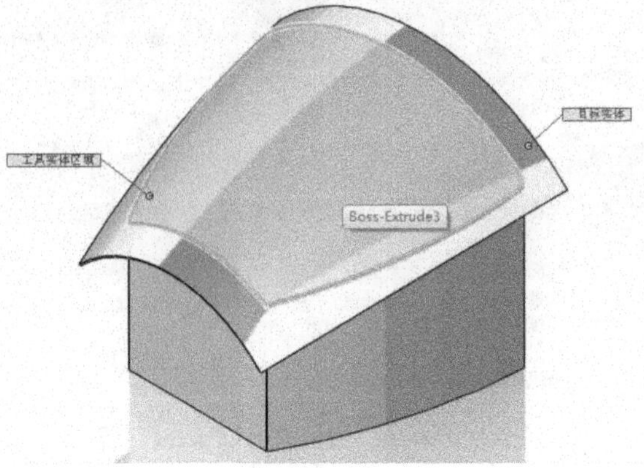

图5-31　创建压凹特征

步骤7：隐藏实体

隐藏凸台－拉伸，如图5-32所示。

步骤8：添加圆角特征

(1) 在压凹实体区域的凹边上创建半径为0.5mm的圆角。

(2) 在压凹实体区域的凸边上创建半径为1.5mm的圆角，如图5-33所示。

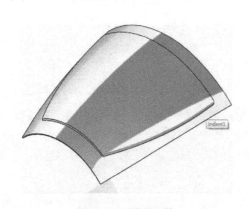

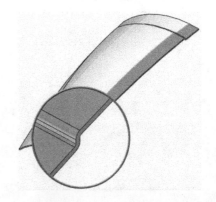

图5-32　隐藏实体

图5-33　添加圆角特征

步骤9：还原特征

将退回棒拖动到特征管理树的底部，系统会自动重新建模，如图5-34所示。

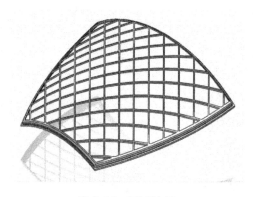

图 5-34　还原特征

三、删除实体

可以使用删除实体特征将实体/曲面删除。要删除的实体可以从特征树上的实体/曲面文件夹中选择，也可以在绘图区域中选择。

仍以上述保护网板为例进行删除实体操作。

操作步骤

展开实体文件夹，右击工具实体，在弹出的快捷菜单中选择"✕删除实体(I)…"命令或单击"✕删除实体/曲面"按钮或单击菜单"插入(I)"/"特征(F)"/"✕删除实体(Y)…"命令，单击✓按钮。

删除实体特征会在特征树上增加一个特征，并将实体文件夹中的实体删除。保存并关闭零件。

四、局部操作

利用局部操作技术可以单独对一个实体进行修改，而不影响其他实体，该技术通常应用于零件的抽壳处理。在默认情况下，抽壳操作影响实体抽壳前的所有特征。

【实例 5-4】通过"合并结果"和"组合"解决一个抽壳问题。

操作步骤

步骤 1：打开零件

打开"素材源文件"/"SolidWorks 软件应用"/"第五章"/Local Operations 零件，如图 5-35 所示。

步骤 2：创建抽壳特征

创建一个厚度为 4 mm，移除了底平面的抽壳特征。

步骤 3：创建剖视图

单击"▣剖面视图"按钮，使用"前视基准面"，选择"等距距离"为"-42"的剖面实体，如图 5-36 所示。单击✓按钮，保存剖视图。

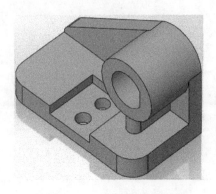

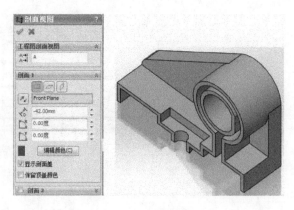

图 5-35 Local Operations 零件   图 5-36 创建剖视图

步骤 4：编辑特征

编辑 Vertical_Plate、Circular_Boss 和 Rib_Under 凸台特征并进行设置。取消选中"合并结果（M）"复选框，单击☑按钮，如图 5-37 所示。

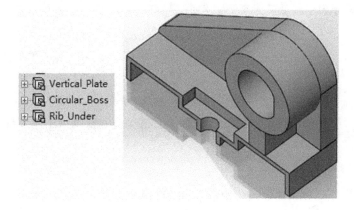

图 5-37 编辑特征

步骤 5：查看"实体"文件夹

对每个凸台特征取消选中"合并结果（M）"复选框后，模型被分成了 4 个实体。展开"实体"文件夹，查看模型中实体的情况，如图 5-38 所示。

单击实体，该实体会在绘图区域高亮显示。

图 5-38 查看"实体"文件夹

步骤 6：组合实体

（1）在特征工具栏中单击"组合"按钮，设置"操作类型（O）"为"添加（A）"。

（2）选择"实体"文件夹中所有 4 个实体作为"要组合的实体"。

（3）单击☑按钮，效果如图 5-39 所示。

步骤 7：查看单一实体

此时零件作为单一的实体"组合 1"存在。实体将以最后添加的特征命名，如图 5-40 所示。

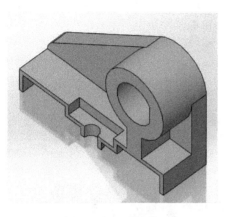

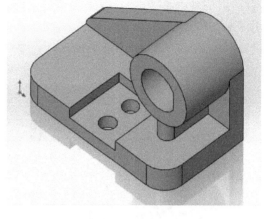

图 5-39　组合实体　　　　　　　　　　　图 5-40　组合结果

步骤 8：切换到剖视图

再次单击"🔲剖面视图"按钮。

步骤 9：保存零件

单击"保存"按钮，保存零件。

五、复杂圆角操作

圆角操作是否成功往往和圆角操作的顺序有关。多实体和局部操作使用户能够改变圆角操作的顺序，这在复杂的圆角操作中非常有用。

【**实例 5-5**】用复杂圆角操作方法，完成图 5-41 所示模型的建模。

图 5-41　复杂圆角

操作步骤

步骤 1：打开零件

打开"素材源文件"/"SolidWorks 软件应用"/"第五章"/Fillet Problem 零件，如

图 5-42 所示。

步骤 2：圆角尝试

多次试验后发现：对组合实体直接进行 6 mm 的圆角操作得不到满意的结果。这是因为圆角操作受到相邻面的影响，而解决方法是对单个实体进行单独的圆角操作，如图 5-43 所示。

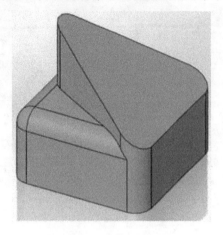 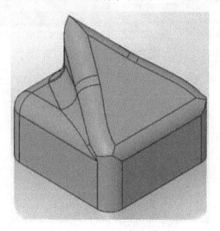

图 5-42　Fillet Problem 零件　　　　　　　图 5-43　圆角尝试

步骤 3：不合并实体

（1）右击特征 Angled Piece，从弹出的快捷菜单中选择"编辑特征"命令。

（2）取消选中"合并结果"复选框，单击☑按钮，如图 5-44 所示。

步骤 4：添加圆角

对特征 Angled Piece 的顶面添加 6 mm 的圆角，如图 5-45 所示。

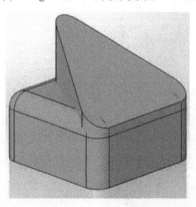 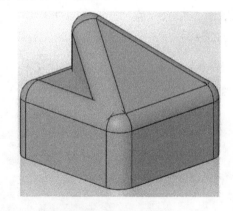

图 5-44　不合并实体　　　　　　　　图 5-45　对顶面添加圆角

步骤 5：组合实体

（1）在特征工具栏中单击"🖲组合"按钮。

（2）使用"添加（A）"操作方式，组合两个实体，单击☑按钮，如图 5-46 所示。

步骤 6：添加圆角

对剩余边线添加 6 mm 的圆角，效果如图 5-47 所示。

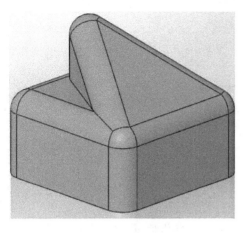

图 5-46　组合实体

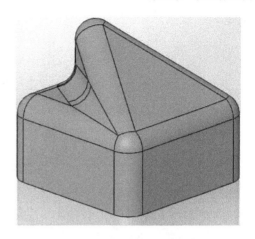

图 5-47　对剩余边线添加圆角

步骤 7：保存零件

单击"保存"按钮，保存零件。

六、负空间建模

在产品设计中，考虑设计和分布安装螺孔、通孔、型腔等是非常重要的，如液压系统中的典型零件——液压控制阀。

可以使用在实体块上切除的方式，也可以使用负空间实体删减方法创建出所有孔系。

【实例 5-6】使用图 5-48 所示模型，完成负空间建模的操作。

操作步骤

步骤 1：打开零件

打开"素材源文件"/"SolidWorks 软件应用"/"第五章"/Hydraulic Manifold 零件，该零件包含两个实体，这两个实体代表互相贯穿的管孔系统，如图 5-48 所示。

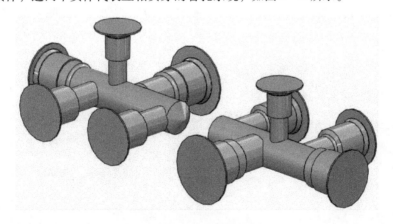

图 5-48　Hydraulic Manifold 零件

步骤 2：绘制矩形草图

将"上视基准面"作为草图平面，绘制矩形草图，并添加 4 个共线约束，如图 5-49 所示。

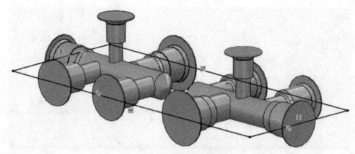

图 5-49　绘制矩形草图

步骤 3：创建拉伸特征

使用矩形草图创建双向拉伸特征，并取消选中"合并结果（M）"复选框。

（1）"方向 1"（向上）设置为"成形到一面"，选择管孔实体顶面。

（2）"方向 2"（向下）设置为"给定深度"，深度为 30 mm。创建拉伸特征如图 5-50 所示。

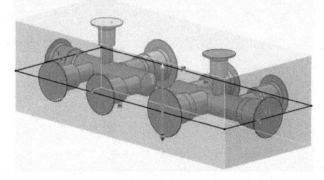

图 5-50　创建拉伸特征

步骤 4：组合实体

在特征工具栏中单击"⬚组合"按钮，"操作类型（O）"选择"删减（S）"，拉伸实体作为"主要实体（M）"，其他两个实体作为"减除的实体（D）"，创建"减除"组合，如图 5-51 所示。

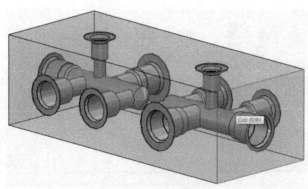

图 5-51　组合实体

步骤 5：保存零件

单击"保存"按钮，保存零件。

技能训练五

根据图 5-52 所示尺寸，建立零件。

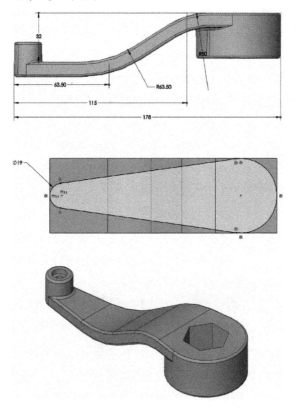

图 5-52 多实体练习

其中：左侧圆柱拉伸高度为 22.5 mm；右侧圆柱拉伸高度为 29.5 mm。异型孔规格：标准 Ansi Metric；类型为 ANSI B18.6.7. M；大小为 M5；正六边形内切圆直径为 28 mm；所有圆角半径均为 1.5 mm。

第六章 参数化建模

在优化设计过程中对尺寸及几何体外形进行变更是非常重要的内容。通过参数化建模的方式建立的模型，在进行优化设计的时候，可以大大提升工作效率。

学习目标

1. 理解配置的概念及功能。
2. 掌握配置的设定。
3. 学会使用全局变量绑定数值及创建方程式。
4. 了解在对带配置的零件进行更改时会出现的问题。

第一节　零件配置设定

SolidWorks 软件提供的配置功能让用户可以在单一文件中对零件或装配体建立多个参数变化。通过配置可以简便地管理一组有着不同尺寸、特征、零部件或其他参数的模型。

一、使用配置的优点

（1）用同一个零件文档可以得到多个零件。生产中，有许多零件具有相同的特征和相似的结构，可以利用配置功能仅用一个零件模型生成众多模型。

（2）用同一个零件文档可以得到从毛坯到成品整个加工过程的所有模型。比如通过压缩凹槽、抽壳等特征，就可以得到加工该零件所用的毛坯。

（3）对于复杂模型，压缩一些不重要的特征可以提高模型显示速度，同时也有利于后续工作的使用。比如模型建立好以后，经常需要进行 CAE（计算机辅助工程）分析，压缩一些圆角、倒角之类的特征，不会影响分析的结果，反而会提高分析效率。

（4）使用同一个装配体文档，得到不同版本的产品。比如同样的车身，使用不同的发动机，就可得到不同的车型。

（5）利用配置功能，可以创建标准零件库。比如用一个零件文档可以创建系列螺栓。

SolidWorks 允许用户使用多种方式生成配置（见表 6-1）。具体采用何种方式视实际情况而定，也可以混合使用。

表6-1 生成配置的方法

配置方法	说 明
配置特征/尺寸	右击特征、材料或者尺寸，在弹出的快捷菜单中选择"配置特征"、"配置材料"或"配置尺寸"命令，弹出"修改配置"对话框
手动添加配置	在ConfigurationManager窗口顶部或者空白位置右击，在弹出的快捷菜单中选择"添加配置"命令，输入新的配置名称，创建配置。该配置自动处于激活状态，用户可以压缩、解压缩特征并对每个配置更改尺寸
复制粘贴配置	在ConfigurationManager窗口选择一个配置并使用如下任一方法，复制所选择的配置：按【Ctrl＋C】组合键；选择"编辑"/"复制"命令；单击"复制"按钮，然后粘贴。复制得到的是一个和原始配置完全一致的配置
系列零件设计表	使用Excel设计表创建和修改配置

二、使用配置操作

下面使用法兰零件和配置表来建立零件的尺寸、特征和材料的配置。

（1）打开"素材源文件"/"SolidWorks软件应用"/"第六章"/"法兰"零件。

（2）右击设计树中的"注解"文件夹，在弹出的快捷菜单中选择"显示特征尺寸"命令，让所有特征尺寸显示出来。

（3）右击直径为"50"的圆的直径，在弹出的快捷菜单中选择"配置尺寸"命令，弹出"修改配置（M）"对话框，单击"＜生成新配置＞"，输入1后，按【Enter】键，依次输入2～5，单击其后的文本框，分别输入55，65，75，85，60数值，如图6-1所示。

配置名称	草图1 ▾
	D1
默认	50.00mm
1	55.00mm
2	65.00mm
3	75.00mm
4	85.00mm
5	60.00mm
＜生成新配置。＞	

图6-1 配置法兰尺寸

（4）单击对话框下面的"＜输入名称＞"，输入名称为"SPKR"，如图6-2所示，单击"保存表格视图"按钮，然后单击"应用（A）"按钮，再单击"确定（O）"按钮。关闭"尺寸"属性面板。

图6-2 保存表格

（5）查看配置。将设计树切换到配置管理器，单击设计树上方的" Configuration Manager"按钮，双击每个配置名称使其成为激活状态，如图6-3所示，法兰应该从小到大变化。

（6）激活Default（默认）配置。

（7）展开表格文件夹，双击表格SPKR。

（8）在绘图区域依次双击"ϕ20"和"ϕ35"的尺寸（如绘图区域没有显示这两个尺寸，单击设计树，展开其中的"凸台－拉伸1"，单击其草图，使其处于显示状态），将它们添加到表格中，输入数据如图6-4所示，然后单击"应用（A）"按钮，再单击"确定（O）"按钮。

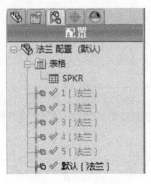

图6-3　法兰配置

配置名称	草图1		
	D1	D2	D3
1	55.00mm	25.00mm	40.00mm
2	65.00mm	30.00mm	45.00mm
3	75.00mm	35.00mm	55.00mm
4	85.00mm	40.00mm	60.00mm
5	60.00mm	15.00mm	30.00mm
默认	50.00mm	20.00mm	35.00mm
《生成新配置。》			

图6-4　尺寸配置表

（9）在设计树中右击"凸台–拉伸2"，选择配置特征，在第5项上"√"打钩，让特征压缩。

（10）在特征树上双击切除和阵列的特征，进行如图6-5所示的设置，然后单击"应用（A）"按钮，再单击"确定(O)"按钮。

配置名称	凸台-拉伸2	切除-拉伸1	阵列(圆周)1
	压缩	压缩	压缩
1	☐	☑	☑
2	☐	☐	☐
3	☐	☑	☑
4	☐	☐	☐
5	☑	☑	☑
默认	☐	☐	☐
《生成新配置。》			

图6-5　特征配置表

（11）查看配置1、4、5，结果如图6-6所示。

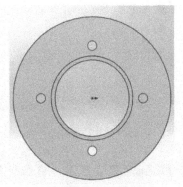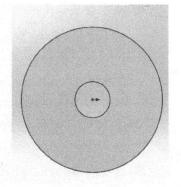

图6-6　各种配置法兰

压缩和解除压缩："压缩"用于从内存中移除一个特征，释放系统资源并从模型中删除这个特征，移除了所选特征后将生成一个不同"版本"的模型，压缩后的特征可以随时解除压缩。

三、材质外观的配置

在零件配置中不仅可以针对尺寸、特征进行管理，同时也可以在不同的配置下设置不同的零件外观及材料。

在设计树上右击"材质"选项,在弹出的快捷菜单中选择"配置材料"命令,如图6-7所示。

从图6-7所示的"材料"下拉列表框中选择所需的材质属性,可以通过单击"查看更多"选项选择更多的材质。

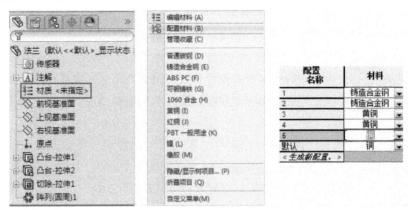

图6-7　材质外观配置

当零件设置了不同的材料后就会体现不同的质量参数。

可以通过CommandManager的"评估"标签中的"质量属性"命令查看零件的质量参数。

图6-8所示的"质量属性"对话框中的参数包括当前所选材料的密度、零件的质量、体积和表面积以及重心和惯性张量等信息。

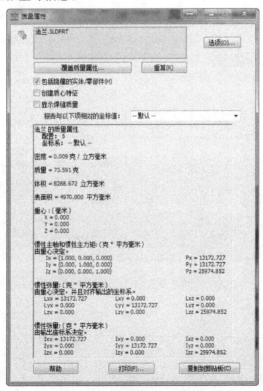

图6-8　"质量属性"对话框

知识扩展：在配置管理器上不同图标的意义

配置名称是彩色的并且前面打钩，表示当前激活并显示的配置。

配置名称前虽然有打钩但是是灰色的，表示被激活过但不是当前显示的配置。

灰色的横杠表示未被激活过的配置。

第二节　全局变量和方程式

全局变量是通过指定一个相同的变量来设定一系列相等的尺寸。这样可以建立起大量的方程式，其中的尺寸数值都设定为相同的全局变量。更改全局变量的值，也会更新所有关联的尺寸大小。

用户可以在"方程式、整体变量、及尺寸"对话框中创建全局变量；或者在尺寸的"修改"对话框中完成。

图 6-10 所示模型中存在两个线性尺寸，每个六角形切除都包含一个，全局变量将用于将它们联系在一起。

一、全局变量

下面使用 Socket 零件来体验全局变量的建立和使用。

操作步骤

步骤 1：生成全局变量

（1）打开"素材源文件"／"SolidWorks 软件应用"／"第六章"／Socket 零件。

（2）单击菜单"工具(T)"/"∑方程式(Q)…"命令，弹出"方程式、整体变量、及尺寸"对话框，选中"自动重建"复选框，单击"∑方程式视图"按钮，然后单击"添加整体变量"按钮，输入"Across"，"数值/方程式"下面输入"12"，如图 6-9 所示。单击"确定"按钮，关闭对话框。

图 6-9　生成全局变量

步骤 2：使用全局变量

（1）右击设计树中的"注解"文件夹，在弹出的快捷菜单中选择"显示特征尺寸"命令，让所有特征尺寸显示出来。

（2）双击图 6-10（a）中的一个"11 mm"的尺寸，弹出"修改"对话框。

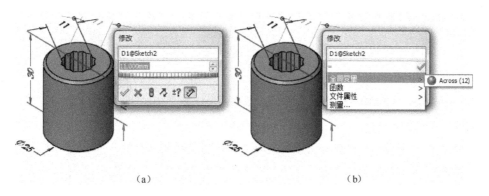

（a）　　　　　　　　　　　　　（b）

图6-10　链接全局变量

（3）在尺寸数值栏输入" ＝ "，让该尺寸等于全局变量 "Across"，如图6-10（b）所示。

（4）单击 按钮，退出"修改"对话框。

（5）链接到全局变量的尺寸前会添加方程式符号，尺寸的数值与全局变量的数值相同，如图6-11所示。

（6）再将另外一个"11 mm"的尺寸链接到全局变量 Across，步骤同上。

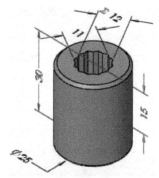

图6-11　生成方程式

（7）右击设计树中的 Equations 文件夹；在弹出的快捷菜单中选择"管理方程式…（A）"命令，将全局变量 Across 的数值修改为"10 mm"，单击"确定"按钮，保存方程式，如图6-12所示。

（8）模型上链接到全局变量的尺寸数值变成"10"，如图6-13所示。

图6-12　修改全局变量数值

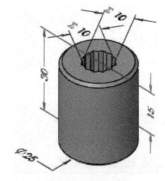

图6-13　查看链接尺寸

二、方程式

很多时候需要在参数之间创建关联，可是这个关联却无法通过使用几何关系或常规的建模技术来实现。使用方程式就可以创建模型中尺寸之间的数学关系。

下面使用方程式创建圆柱高度和正六边形切除深度的数学关系，使正六边形切除深度随圆柱高度增加而加深。

1. 因变量与自变量的关系

SolidWorks 软件中方程式的形式为：因变量＝自变量。例如，在方程式 A＝B 中，系统由尺寸 B 求解尺寸 A，用户可以直接编辑尺寸 B 并进行修改。一旦方程式写好并应用到模型中，就不能直接修改尺寸 A，系统只按照方程式控制尺寸 A 的值。因此，用户在开始编写方程式之前，应该决定哪个参数驱动方程式（自变量），哪个参数被驱动（因变量）。

2. 确定尺寸与驱动设计

根据圆柱的高度来控制切除的深度，这就意味着圆柱的高度是驱动参数或自变量，正六边形切除的深度是 15 mm。

3. 建立与使用方程式

继续使用图 6-10 所示零件建立方程式，使尺寸" D2@6 Point" 成为尺寸" CylinderDepth@ Cylinder" 的一半并随着尺寸" CylinderDepth@ Cylinder" 的修改而修改。

操作步骤

步骤 1：打开"方程式"文件夹

右击"方程式"文件夹，在弹出的快捷菜单中选择"管理方程式"命令，弹出"方程式、整体变量、及尺寸"对话框，如图 6-14 所示。

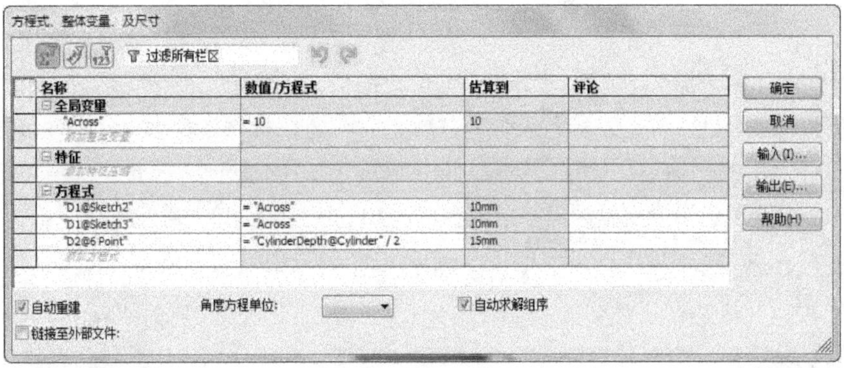

图 6-14　建立方程式

步骤 2：添加方程式

添加方程式："D2@6 Point" = "CylinderDepth@ Cylinder" ／ 2。

步骤 3：退出对话框

单击"确定"按钮退出对话框。

步骤 4：尺寸变为方程式

"D2@6 Point"的尺寸变为方程式，如图 6-15 所示。

步骤 5：修改尺寸

双击尺寸"CylinderDepth@ Cylinder"，弹出"修改"对话框，将"30 mm"改为"50 mm"，如图 6-16 所示，单击☑按钮。

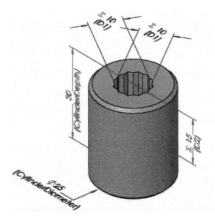

图 6-15　尺寸变为方程式

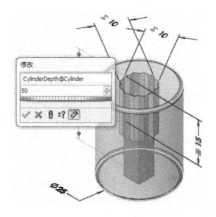

图 6-16　修改尺寸

步骤 6：查看修改后的从动尺寸

"D2@6 Point" 的尺寸数值变为 "25"，如图 6-17 所示。

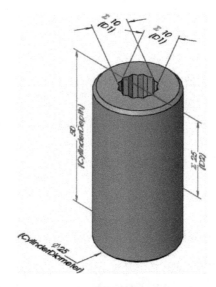

图 6-17　查看修改后的从动尺寸

第三节　系列零件设计表

当系列零件很多的时候，如标准件，可以利用 Excel 对配置进行驱动，自动生成配置。本节将介绍使用 Excel 表格驱动零件生成配置（以常用的国标六角螺母为例）。

一、配置前准备

1. 尺寸名称

在 SolidWorks 软件中标注尺寸时，系统会自动给每个尺寸生成一个尺寸名称。尺寸名称的格式为 "尺寸名@草图名"。

2. 修改尺寸名称

SolidWorks 软件允许用户自定义尺寸名称（但不能修改@后面的草图名称）。

下面使用"螺母"零件来做系列零件设计表从而建立螺母的标准件。

操作步骤

步骤 1：打开螺母零件

打开"素材源文件"/"SolidWorks 软件应用"/"第六章"/"GB6172 - 86 零件—螺母"零件。

步骤 2：单击"注解"文件夹

在设计树中右击"注解"文件夹，在弹出的快捷菜单中选择"显示特征尺寸"命令，效果如图 6-18 所示。

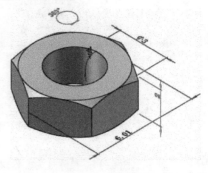

图 6-18　螺母零件

步骤 3：修改草图尺寸

双击"D1@草图 1"（尺寸 6.01）的尺寸，弹出"修改"对话框，如图 6-19 所示。将尺寸名称修改为"e"，修改结果如图 6-20 所示。单击☑按钮。

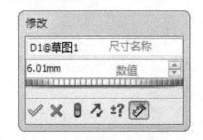

图 6-19　"修改"对话框

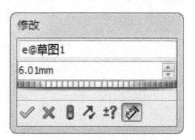

图 6-20　修改尺寸名称

步骤 4：修改特征尺寸

使用同样的方法，使尺寸名称"D1@ 草图 2"（尺寸 $\phi3$）= D，"D1@ 拉伸 1" = m。

二、使用系列零件表生成配置

修改尺寸名称其实相当于将需要做系列化的尺寸进行特殊标记，以方便做系列零件设计表的时候识别这些尺寸。下面建立系列零件设计表。

操作步骤

步骤 1：切换"配置管理器"

将设计树切换到"配置管理器"，如图 6-21 所示。

步骤 2：打开"系列零件设计表"

单击"表格（B）"工具栏中的"⊞系列零件设计表"按钮或单击菜单"插入（I）"/"表格（T）"/"⊞设计表（D）..."命令，出现"系列零件设计表"属性面板，如图 6-22 所示。

图 6-21　配置管理器

在"系列零件设计表"属性面板中，选择"源（S）"为"自动生成（A）"；"编辑控制（E）"选择"允许模型编辑以更新系列零件设计表（M）"；选中"选项（O）"下面的"新参数（N）"、"新配置（G）"和"更新系列零件设计表时警告（W）"复选框，单击☑按钮。

步骤3：在“系列零件设计表”中添加参数

在打开的“尺寸”对话框中将“D”“e”“m”添加到设计表中，如图6-23所示，单击“确定”按钮。

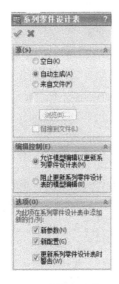

图6-22　“系列零件设计表”属性面板

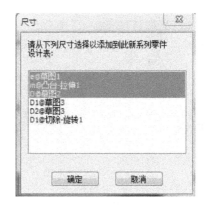

图6-23　选择尺寸

步骤4：输入数据

在打开的Excel表格中输入数据，如图6-24所示。

步骤5：退出“系列零件设计表”

在绘图区域空白处单击，退出表格后生成配置，如图6-25所示。

系列零件设计表是为: GB61			
	e@草图1	m@凸台-拉伸1	D@草图2
M3	6	2	3
M4	8	2	4
M5	9	3	5
M6	11	3	6
M8	14	4	8
M10	18	5	10

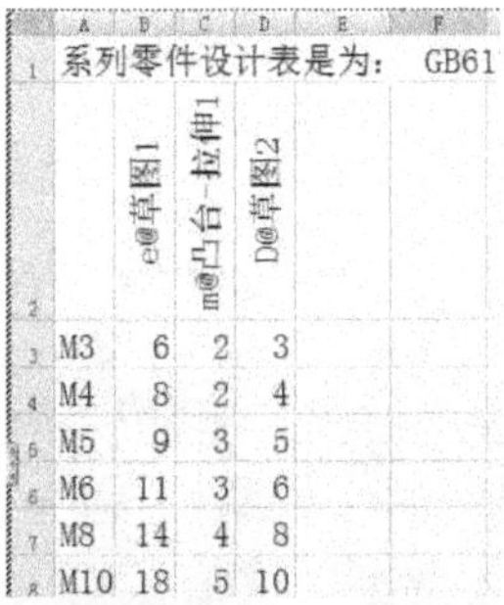

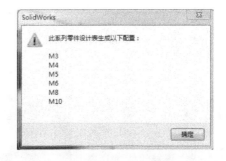

图6-24　零件参数表

图6-25　生成配置

步骤6：查看各种配置零件

双击不同配置名称查看配置零件。

步骤7：保存零件

单击“保存”按钮，保存零件。

知识扩展：若想要再次打开系列零件设计表进行更改，则只要在“表格”文件夹上找到系列零件设计表，右击表格文件，在弹出的快捷菜单中选择“编辑表格”命令，即可再次打开零件设计表进行修改，修改完成之后单击绘图区域右上角的☑按钮保存并退出表格。

使用系列零件设计表最大的好处是设计更快速、更准确，而且操作更简便。因为这张表格就是一张 Excel 表格，在这张表格里 Excel 的操作同样适用，修改方式也与 Excel 一致。由于 SolidWorks 是基于 Windows 系统的建模软件，所以和 Office 系列软件的集成度相当高，使用起来非常简单、方便。

技能训练六

根据书中提供的模型（参数化建模练习），按表 6-2 所提供的信息，创建如图 6-26 所示的零件配置。

表 6-2　零件配置表

配置名称	sketch6	Volume Control	Tweeter, Rounded	Tweeter, Rectangular	Tweeter, Dome
	D1	压缩	压缩	压缩	压缩
100c	20 mm			√	√
100s	20 mm	√		√	√
200c	20 mm		√		√
200s	20 mm	√	√		√
300c	15 mm		√		√
300s	15 mm	√	√		√

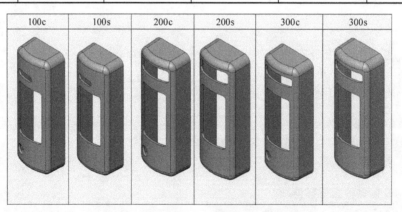

图 6-26　零件配置

第七章　自顶向下的装配体建模

在装配体的设计中包括了两种方法：自底向上设计和自顶向下设计。之前介绍了自底向上的传统设计方法，在这一章中，将针对自顶向下设计方法进行介绍。

在自顶向下设计中，可以使用一个零件的几何体来帮助定义另一个零件，或生成组装零件后才添加的加工特征。也可以将布局草图作为设计的开端，定义固定的零件位置、基准面等，然后参考这些定义来设计零件。

自顶向下的装配体建模主要包括以下流程：

（1）在装配体中添加新零件：如果用户需要在装配体中创建一个新零件，首先需要给零件命名并选择一个平面。这个平面将被作为新零件的前视基准面。

（2）装配体中的零件建模：在装配体中创建新零件后，系统进入到编辑零件模式，所选的平面也就成为当前被激活的草图平面。创建零件可以用常规的建模方法，也可以参考装配体中的其他几何体。

（3）建立关联特征：如果建立的特征需要参考其他零件中的几何体，则这个特征就是所谓的关联特征。

（4）断开外部参考：在装配体中建立虚拟零部件和特征时，会建立很多外部参考。

学习目标

1. 掌握创建装配体特征的方法。
2. 学会使用自顶向下的装配体建模方法及在装配体的关联环境中建立虚拟零部件的方法。
3. 熟悉通过智能扣件插入扣件的方法。
4. 了解外部参考的关联性。

第一节　自顶向下装配体设计准备

1. 虚拟零部件

在装配体中插入的新建零件即为虚拟零部件。虚拟零部件的名称都是用中括号括起来的，建议在创建好一个新零件后，就进行重新命名，必要时将零件外部保存（创建方式将在本章第二节中介绍）。

在实际设计中，虚拟零部件也可以用于创建"毛毡""润滑油"等无实体零件，以此来表示完整的产品结构树，并可以在 BOM 表中进行体现，免去手工填写的麻烦。

2. 自顶向下设计前的设置

单击"[▦▾选项"按钮，单击"系统选项（O）"标签，选择"装配体"选项，取消选中

"将新零部件保存到外部文件"复选框，以创建虚拟零部件，如图7-1所示。为了在之后的设计中，方便选取装配体中的其他零件几何体作为参考，单击"显示/选择"选项，将"关联中编辑的装配体透明度"调整为"不透明装配体"，如图7-2所示。

图7-1　系统选项－装配体

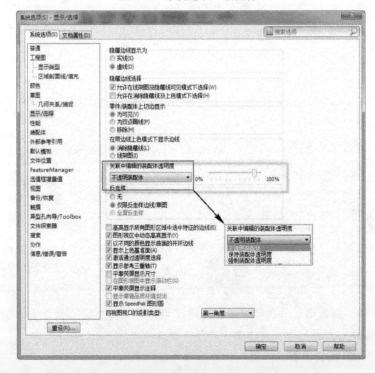

图7-2　系统选项－显示/选择

"关联中编辑的装配体透明度"的 3 种设置：

（1）"不透明装配体"：除了正在编辑的零部件是不透明的粉红色以外，所有零部件变成不透明的灰色。

（2）"保持装配体透明度"：除了正在编辑的零部件是不透明的粉红色以外，所有零部件保持它们现有的透明度。

（3）"强制装配体透明度"：除了正在编辑的零部件是不透明的粉红色以外，所有零部件变成透明。

第二节　装配体中建立新零件

在装配体关联环境中建立新零件时，设计者可以利用装配体中已有的其他零件进行几何体复制、等距实体、添加草图几何关系等。

在装配体关联环境中对零件进行建模，首先应该仔细考虑好零件将用在什么地方以及零件如何使用。

在装配体中建模的零件最好仅用在装配体中。若该零件应用在多个装配体中，将受到外部参考的影响出现参数变化。如果必须在其他装配体中使用，最好预先将该零件的外部参考删除，后续章节中将对此进行介绍。

【实例】 在图 7-3 所示装配体环境中创建新的电动机基座零件，并将其固定。

操作步骤

步骤 1：打开装配图

打开"素材源文件"/"SolidWorks 软件应用"/"第七章"/slide_plate. sldasm 装配体文件（见图 7-3），在该装配体中，电动机和底板之间缺少一个安装座。轴与联轴器之间存在一定的缝隙。通过在装配体中添加新零件和装配体中编辑零件对以上问题进行处理。

图 7-3　slide_plate 装配体

步骤 2：插入新零件

单击装配体工具栏中的"⬚新零件"按钮（见图 7-4）或单击菜单"插入（I）"/"零部件（O）"/"⬚新零件（N）…"命令。在电动机零件的平面上单击，将该平面作为新零件的"前视基准面"，如图 7-5 所示。将该零件命名为"电动机安装座"。

图 7-4　插入新零件　　　　　　　图 7-5　选择平面

步骤 3：生成新零件草图

此时，会在选中的平面上创建一张新的草图。直接选中该平面，单击"![]转换实体引用"按钮，将该平面的外表面投影至草图中，如图 7-6 所示。

步骤 4：编辑草图

去除长方形底部的草图圆角，并延伸相关线条，如图 7-7 所示。

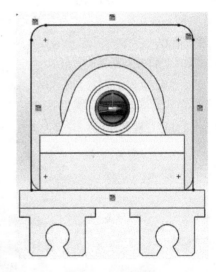

图 7-6　转换实体引用　　　　　　　图 7-7　草图编辑

步骤 5：拉伸草图

将生成的草图进行拉伸，拉伸高度为 15 mm。并按图 7-8 所示补全零件的其他特征。

步骤 6：生成压凹特征

（1）使用电动机的外轮廓在机座零件上生成压凹特征，设置厚度为 0.1 in（1 in ＝ 2.54 cm），间隙为 0，如图 7-9 所示。

（2）使用切除特征，切除多余的材料，如图 7-10 所示。

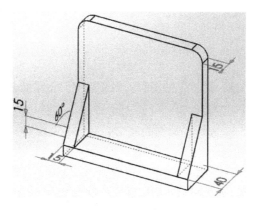

图 7-8　补全零件特征

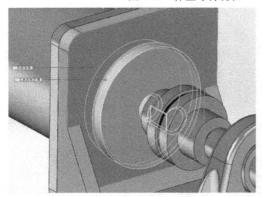

图 7-9　压凹特征

图 7-10　零件修改

第三节　装配体特征和智能扣件

装配体特征是只存在于装配体中的特征。装配体特征主要有：拉伸切除（切除装配体中部分零件）、旋转切除、异型孔向导和简单直孔。如果装配体中包含有特定规格的孔、孔系列或孔阵列，利用智能扣件可以自动添加扣件。

一、装配体特征

在装配体中加入孔系列。

单击"🎁零件编辑"按钮，退出零件编辑。创建机座与电动机的装配螺栓孔。单击装配体工具栏中的"🎁装配体特征"下拉按钮，单击"🎁异型孔向导"按钮。根据图7-11所示添加孔位置，按图7-12设置孔。孔规格：柱形沉头孔；标准：Ansi Metric；大小：M5；配合：正常；结束零部件：选择电动机零部件。

图7-12（a）所示为最初零件规格，图7-12（b）所示为中间零件规格，图7-12（c）所示为最后零件规格。

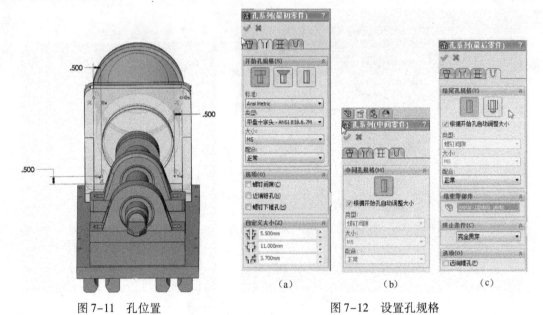

图7-11 孔位置　　　　　　　　　　　（a）　　　　　　　（b）　　　　　　　（c）

图7-12 设置孔规格

二、智能扣件

单击装配体工具栏中的"🎁智能扣件"按钮或单击菜单"插入(I)"/"智能扣件(F)..."命令，选择通过"孔系列"特征生成的孔，并按照图7-13所示添加相关的垫圈、螺母以及螺栓的属性。

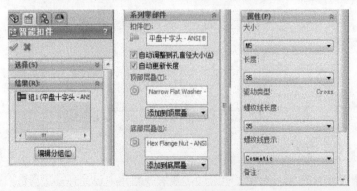

图7-13 智能扣件属性

第四节　文件参考和外部参考

一、文件参考

无论是虚拟零部件还是根据装配体结构编辑零件及添加装配体特征，都会产生一个参考关联。

当所参考的内容发生更改之后，相应的特征及草图都会有相应的更新变化。

若要保存虚拟零部件，右击"电动机安装座"零部件，在弹出的快捷菜单中选择"保存零部件"命令，弹出"另存为"对话框，如图7-14所示。

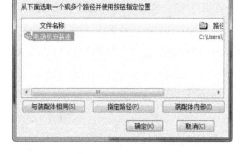

图7-14　"另存为"对话框

二、外部参考

（1）关联参考在设计树中以"–>"符号表示。

（2）右击"电动机安装座"零件，在弹出的快捷菜单中选择"列举外部参考引用"命令，弹出"列举外部参考引用"对话框，其中有两个按钮用于外部参考，即"全部锁定"和"全部断开"。

① 全部锁定：用于锁定或者冻结外部参考，可以通过"解除全部锁定"取消。所以"全部锁定"操作是可逆的，在解除锁定之前所有的更改都不会传递到被关联的零件中。全部锁定时，设计树中的参考符号变为"–> *"，解除锁定后，变为"–> ?"或"–>"。

② 全部断开：用于永久性地切断与外部参考文件的关联。该操作是不可逆的操作。全部断开后，设计树中的参考符号变为"–> x"。

"全部锁定"对于终止虚拟零部件修改传递非常有用，但需要永久性地停止修改传递，最好的方法是先使用"另存为"命令将虚拟零部件"另存为一个副本"，然后在复制的零件中删除外部参考关系。

技能训练七

根据图7-15提供的棘轮扳手装配体，通过TOP – DOWN的建模方式新建一个盖子零件（打开"素材源文件"/"SolidWorks软件应用"/"第七章"/Top Down Assy零件，见图7-16），盖子尺寸由与其相配合的零件而定。

图7-15　棘轮扳手装配体　　　　　　　　　　图7-16　盖子零件

第八章 工程图使用

二维工程图目前还是指导实际生产的主要文件。SolidWorks 软件提供了由零件或装配体直接生成工程图的方法。本章将介绍与工程图相关的细节，其中包括"模型视图""剖面视图""局部视图""注解"。

学习目标

1. 掌握创建多种类型工程图视图的方法。
2. 学会通过对齐和相切边界功能修改视图。
3. 学会工程图的标注。

在 CommandManager 中有两个选项卡专门用于工程图处理的命令，分别是视图布局和注解。

视图布局：用来生成各种工程图视图，其各种命令如图 8-1 所示。

图 8-1　视图布局命令

注解：用来为工程图视图标注尺寸和添加各种注释，其各种命令如图 8-2 所示。表 8-1 所示为常用生成工程图命令及其基本功能。

图 8-2　注解命令

表 8-1　常用生成工程图命令及其基本功能

视图命令及按钮		基本功能
视图布局	标准三视图	添加 3 个标准正交视图。视图的方向可以为第一或第三角
	模型视图	根据现有零件或装配体添加正交或命名视图
	相对视图	添加一个由两个正交面或基准面及其各自方向所定义的相对视图
	投影视图	从一个已经存在的视图展开新视图而添加的一个投影视图
	辅助视图	从一线性实体（边线、草图实体等）通过展开一新视图而添加一视图

续表

视图命令及按钮		基本功能
视图布局	剖面视图 🔁	通过使用剖面线切割父视图来添加剖视图、对齐的剖视图或半剖视图
	局部视图 🔍	添加一局部视图来显示一视图某部分，通常放大比例
	断开的剖视图 ⬚	将一断开的剖视图添加到一显露模型内部细节的视图
	断裂视图 ⬚	给所选视图添加折断线
	剪裁视图 ⬚	剪裁现有视图以只显示视图的一部分
注解	智能尺寸 ⬦	为一个或多个所选实体生成尺寸
	模型项目 ⬦	从参考的模型输入尺寸、注解以及参考几何体到所选视图中
	拼写检验程序 ABC	检查拼写
	格式涂刷器 🖌	复制尺寸和注解之间的视觉属性
	注释 🄰	插入注释
	线性注释阵列 ⋀⋀⋀	添加注释线性阵列
	圆周注释阵列 ⬚	添加注释圆周阵列（在线性注释阵列下拉菜单中）
	零件序号 ⬚	附加零件序号
	自动零件序号 ⬚	为所选视图中的所有零件添加零件序号
	表面粗糙度符号 ✓	添加表面粗糙度符号
	焊接符号 ⬚	在所选实体（面、边线等）上，添加一焊接符号
	孔标注 ⬚	添加一孔/槽口标注
	形位公差 ⬚	添加一形位公差
	基准特征 ⬚	添加一基准特征
	基准目标 ⬚	添加基准目标（点或区域）和符号
	区域剖面线/填充 ◩	添加剖面线阵列或实体填充到一模型面或闭合的草图轮廓中
	块 ⬚	制作块和插入块
	中心符号线 ⊕	在圆形边线、槽口边线或草图实体上添加中心符号线
	中心线 ⬚	添加中心线到视图或所选实体
	修订符号 ⚠	添加一修订符号表示图中修改
	表格 ⊞	在工程图中添加各种表格

第一节　零件工程图

一、工程图设计

工程图（见图 8-3）的设计、生成主要包括下列几部分：

（1）工程视图：标准三视图、剖视图、模型视图、投影视图等。

（2）注解：使用注解为工程图添加注释和相关符号。

（3）定义标题栏：将所需信息填入标题栏。

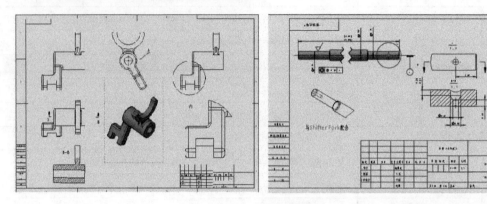

图 8-3　工程图示例

二、生成工程图

操作步骤

步骤 1：打开零件 Shifter Fork

打开"素材源文件"/"SolidWorks 软件应用"/"第八章"/ Shifter Fork 零件，如图 8-4 所示。

步骤 2：从零件建立工程图

单击菜单"文件(F)"/"从零件制作工程图(E)"命令，打开的工程图如图 8-5 所示。

图 8-4　Shifter Fork 零件

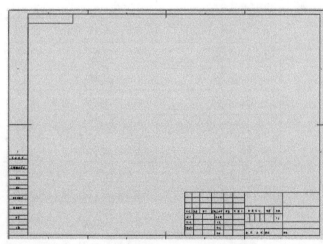

图 8-5　打开的工程图

步骤 3：使用"视图调色板"创建草图

使用"从零件制作工程图"或"从装配体制作工程图"时，系统会在"视图调色板"上自动生成一些基准视图（见图 8-6），用户可以将视图从视图调色板上拖动到工程图上。

步骤 4：生成"前视"视图

将"前视"视图从视图调色板上拖动到工程图上，出现"投影视图"属性面板（见图 8-7），同时生成图 8-8 所示的"前视"视图。

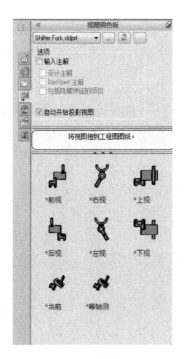

图 8-6 视图调色板

图 8-7 "投影视图"属性面板

步骤 5：生成"俯视"和"左视"视图

在"前视"视图的下方和右方，投影出"俯视"和"左视"视图，单击 按钮，退出投影视图。生成图 8-9 所示的投影视图。

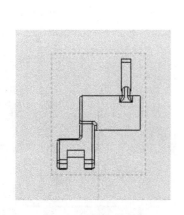

图 8-8 "前视"视图

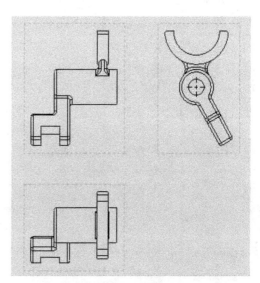

图 8-9 投影视图

步骤 6：绘制剖视图

"剖面视图"工具用以创建由已知视图经剖切线剖开得到的剖视图。剖视图与俯视图自动对齐。

（1）单击"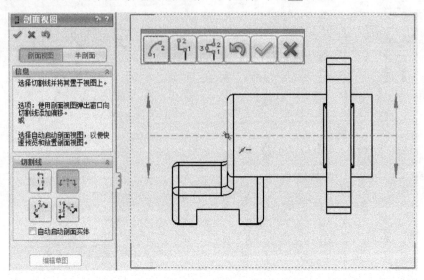剖面视图"按钮或单击菜单"插入(I)"／"工程图视图(V)"／"剖面视图(S)"命令，出现"剖面视图"属性面板，"切割线"选择"水平"，光标在俯视图中上下移动，捕捉到图 8-10 所示的中点（圆柱的轴线）时单击，单击☑按钮。

图 8-10　剖切位置

（2）在图 8-11 所示的"剖面视图"属性面板中，单击"反转方向(L)"按钮，观察绘图窗口中剖面视图的变化；"显示样式(D)"选中"使用父关系样式(U)"复选框；"比例(S)"选中"使用图纸比例(E)"单选按钮。

（3）放置视图。在原有视图的下方单击放置剖视图，单击☑按钮，得到图 8-12 所示的剖视图。

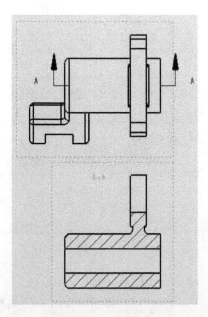

图 8-11　剖切设置　　　　　　　　　　　　　图 8-12　剖视图

（4）解除对齐关系。视图对齐是为了限制自由移动，使视图之间保持在某个空间相对位置上一致。当视图被移动时，对齐关系将以虚线显示。

原视图与剖视图之间自动添加的关系可以被删除，从而使其可以自由移动。

右击剖视图，在弹出的快捷菜单中选择"视图对齐"／"解除对齐关系"命令，视图即可自由拖动。

三、在工程图中建立基本视图的方法

1. 模型视图

"模型视图"根据预先设定的视图方向建立一个工程视图，如上视图、前视图、等轴测视图等。

操作步骤

步骤1：创建新工程图

单击"新建"按钮，单击"工程图"按钮，再单击"确定"按钮。

步骤2：执行"模型视图"命令

单击"▣模型视图"按钮或单击菜单"插入（I）"／"工程图视图（V）"／"▣模型（M）…"命令。一般新建工程图时，系统直接执行"模型视图"命令。

步骤3：插入"模型视图"

双击图8-13"打开文档："下的 Shifter Fork 零件或单击"模型视图"属性面板上部的"➡下一步"按钮；"方向（O）"选择"前视"；"显示样式（S）"选择"▣消除隐藏线"；"比例（A）"选中"使用图纸比例（E）"单选按钮，如图8-13所示。

步骤4：生成"模型视图"

单击右边图纸区域的适当位置，放置前视图，单击☑按钮，如图8-14所示。

图8-13　插入模型视图

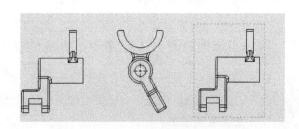

图8-14　生成的模型视图

2. 局部视图

"局部视图"显示一视图上划定的特殊区域。

单击"Ⓐ局部视图"按钮或单击菜单"插入(I)"/"工程图视图(V)"/"Ⓐ局部(D)"命令。在原有视图上绘制一个圆，如图8-15所示。在图8-16所示的"局部视图"属性面板中，在"Ⓐ标号"文本框中输入HEAD，命名局部视图为HEAD；"显示样式(D)"选择"消除隐藏线"；"比例(S)"选中"使用自定义比例(C)"单选按钮，在比例下拉列表中选择5:1，如图8-16所示，在绘图区域的合适位置单击，放置局部视图，单击✓按钮，所生成的局部视图如图8-15右下部分所示。

3. 等轴测视图

单击绘图窗口右侧"视图调色板"，将等轴测视图从视图调色板拖动到工程图上。在图8-17所示"工程图视图"属性面板中，"显示样式(S)"选择"带边线上色"；"比例(A)"选中"使用图纸比例(E)"单选按钮，在绘图区域的合适位置单击，放置等轴测视图，单击✓按钮。

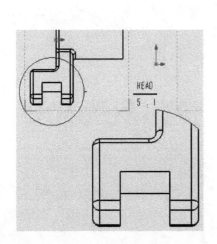

图8-15 局部视图　　　　图8-16 局部视图设置　　　图8-17 等轴测视图设置

四、添加图纸及在工程图中建立辅助视图的方法

在SolidWorks工程图中可以存放多张图纸在一个文件中，这样可以使用户将同一个零件的不同配置放置在不同的图纸中，也可以将同一套图纸放在一个文件中。

1. 添加工程图图纸

(1) 单击绘图窗口下方的"　　添加图纸"按钮，添加工程图图纸；或在图纸区域任意位置右击，在弹出的快捷菜单中选择"添加图纸…（H）"命令，弹出的对话框提示"无法找到图纸格式"信息，单击"确定"按钮，弹出图 8-18 所示的"图纸格式/大小"对话框，"标准图纸大小"选择 A4（GB），单击"确定（O）"按钮，增加一页 A4 的图纸 图纸1 图纸2 。

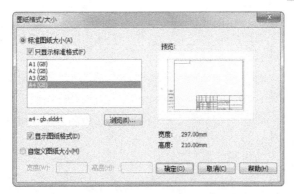

图 8-18　"图纸格式/大小"对话框

（2）添加模型视图：单击"模型视图"工具，在"模型视图"属性面板中，单击"浏览（B）…"按钮，打开"素材源文件"/"SolidWorks 软件应用"/"第八章"/"轴"零件；"方向（O）"选择"前视面"；"比例（A）"选中"使用图纸比例（E）"单选按钮；"显示样式（S）"选择" 带边线上色"，将视图放置在图纸上方，如图 8-19 所示。

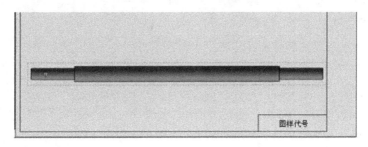

图 8-19　插入模型视图

如发现视图大小与图纸不匹配，则可调整整个图纸的比例。右击左侧管理器中的"图纸1"，在弹出的快捷菜单中选择"属性…"命令，弹出图 8-20 所示的"图纸属性"对话框，在其中调整比例。

2. 辅助视图

（1）断裂视图。"断裂视图"又称断开视图，用于在较小的图幅上显示较长的模型视图。断裂视图中图形被打断形成间隙。

单击" 断裂视图"按钮或单击菜单"插入（I）"/"工程图视图（V）"/" 断裂视图（K）"命令。单击"轴"工程图，在图 8-21 所示的"断裂视图"属性面板中，"断裂视图设置（B）"选择" 添加竖直折断线"；"缝隙大小："设置折断间隙为 10 mm；" 折断线样式"选择"锯齿线切断"（默认），如图 8-21 所示。

在视图上沿轴向（水平方向）单击两点，确定断裂的距离，单击 按钮，生成如图 8-22所示的断裂视图。

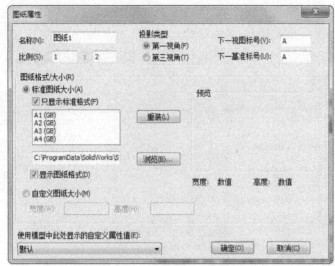

图 8-20 "图纸属性"对话框

图 8-21 切断线设置

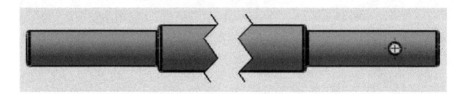

图 8-22 断裂视图

（2）添加局部视图，命名视图为 A；"显示样式(S)"选择"消除隐藏线"，如图 8-23 所示。

（3）创建局部视图的剖视图：单击"剖面视图"工具，单击局部视图的圆心，向下建立剖视图，结果如图 8-24 所示。

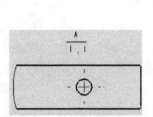

图 8-23 轴端局部放大

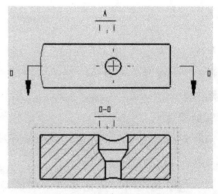

图 8-24 局部视图剖视图

（4）添加等轴测视图：单击"模型视图"工具，在"模型视图"属性面板中，选择零件"轴"，单击"下一步"按钮。"显示样式(S)"选择"隐藏线可见"；"比例(A)"选中"使用自定义比例(C)"单选按钮，在比例下拉列表框中选择1:2，单击按钮。将等轴测视图添加到图纸，如图 8-25 所示。

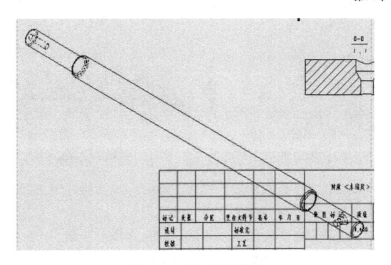

图 8-25　添加等轴测视图

（5）创建剪裁视图："剪裁视图"用来保留已有视图上的一部分视图。

在被剪裁的视图上，使用草图工具圈出保留的部分，如图 8-26 所示，选中草图上的一段线段，单击"剪裁视图"按钮或单击菜单"插入（I）"／"工程图视图（V）"／"剪裁视图（C）"命令，草图线内的视图将被保留，草图线外的都被剪掉，如图 8-27 所示。

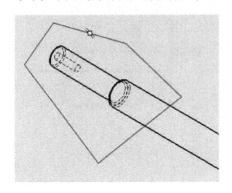

图 8-26　绘制剪裁线

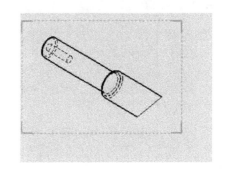

图 8-27　剪裁视图

3. 工程图中的标注形式

（1）注解和注释："注解"以符号的形式显示在工程图上，用来更好地表示相关零件的加工、装配信息。SolidWorks 软件提供多种属性，其中文字注释为最普通的一种注解。"注释"用来为工程图添加文字和标记。

单击工具栏中的"注释"按钮或单击菜单"插入（I）"／"注解（A）"／"注释（N）…"命令，再单击模型视图，输入"与 Shifter Fork 配合"，如图 8-28 所示。

（2）添加基准符号：用户可以添加"基准特征符号"到投影为边的面，以便表明零件的参考基准面。

单击工具栏中的"基准特征符号"按钮或单击菜单"插入（I）"／"注解（A）"／"基准特征符号（U）…"命令，选取断裂视图中心线。移动光标到右下方，放置基准符号 A，如图 8-29 所示。

与Shifter Fork配合

图 8-28　添加注释说明

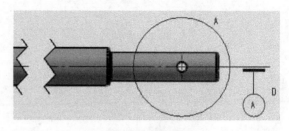

图 8-29　设置基准

　　基准符号形式的修改在工具"选项"／"文档属性"／"注解"／"基准点"／"基准特征"／"显示类型(Y)："下拉列表中选择。

　　(3) 标注尺寸：使用"智能尺寸"工具标注尺寸，如图 8-30 所示。

　　(4) 中心线：单击工具"中心线"按钮或单击菜单"插入(I)"／"注解(A)"／"中心线(L)…"命令，选取图 8-31 所示圆柱面，添加中心线。

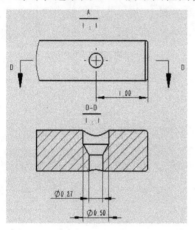

图 8-30　标注尺寸

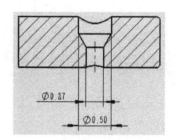

图 8-31　中心线

　　(5) 设置公差：单击图 8-32 中圆锥顶面与轴轮廓线标注尺寸，在"尺寸"属性面板的"公差/精度(P)"选项中，"公差类型"选择"限制"；在"最大变量"文本框中输入"0.01"；在"最小变量"文本框中输入"0.02"；在"单位精度"文本框中输入"0.001"。

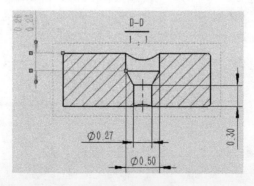

图 8-32　标注公差

（6）添加粗糙度符号：单击工具栏中的"☑表面粗糙度符号"按钮或单击菜单"插入（I）"/"注解（A）"/"☑表面粗糙度符号（F）…"命令，在"表面粗糙度"属性面板的"符号（S）"中，选择"☑要求切削加工"，如图8-33所示，单击断裂视图的零件表面，再单击☑按钮。

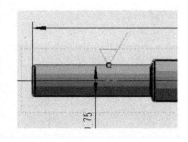

图8-33　标注表面粗糙度

（7）标注形位公差：单击工具栏中的"☑形位公差"按钮或单击菜单"插入（I）"/"注解（A）"/"☑形位公差（T）…"命令，在"形位公差"属性面板中，"引线（L）"选择"无引线"，在"属性"对话框中，添加如图8-34所示的符号及标注。

图8-34　形位公差

（8）标注尺寸文字：单击一个尺寸，显示"标注尺寸文字"编辑栏。这里允许用户添加或替换文字和符号标注。当前的注释显示在 < DIM > 之中，单击前面或后面，添加文字或符号（按【Enter】键换行）。

单击20 in 的尺寸，在"标注尺寸文字（I）"文本框中，单击 < DIM > 右侧，输入"长"，按【Enter】键，再输入"15短"，如图8-35所示，单击☑按钮，结果如图8-36所示，保存并关闭文件。

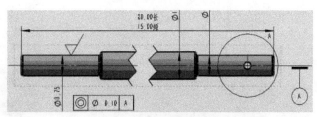

图8-35　在尺寸上添加文字　　　　图8-36　标注多种长度尺寸

第二节　装配体工程图

在本节中，要学习添加不同属性的装配体工程图；建立爆炸的工程图；标注零件序号；插入材料明细表。

生成装配体工程图的操作步骤如下：

步骤 1：打开装配体文件

打开"素材源文件"／"SolidWorks 软件应用"／"第八章"／Sub‐assembly Case 装配体文件。

步骤 2：制作工程图

单击菜单"文件(F)"／"从装配体制作工程图(E)"命令，选择 A3 图纸，如图 8‐37 所示。

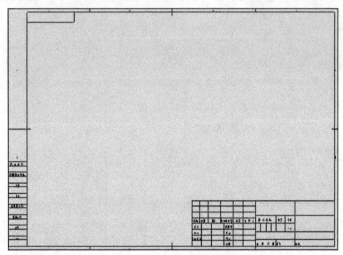

图 8‐37　打开工程图

步骤 3：生成三视图

将"上视图"从"视图调色板"上拖动到图纸上，生成"主视图"，再分别向右和向下投影，生成"左视图"和"俯视图"，如图 8‐38 所示。

步骤 4：添加爆炸等轴测视图

SolidWorks 允许用户将已经爆炸过的装配体生成爆炸等轴测视图。将爆炸等轴测视图直接从"视图调色板"拖动到图纸上，如图 8‐39 所示。

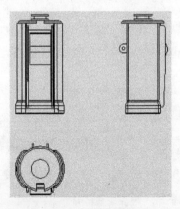

图 8‐38　添加视图

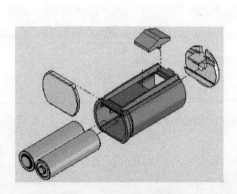

图 8‐39　添加爆炸视图

步骤5：插入材料明细表

SolidWorks 在装配体的工程图中可以根据装配体中零件的信息自动生成材料明细表。单击"▦表格/▧材料明细表"按钮或单击菜单"插入（I）"/"表格（A）"/"▧材料明细表（B）…"命令，选择爆炸视图生成材料明细表。在图 8-40 所示"材料明细表"属性面板中，"材料明细表类型（Y）"选中"仅限零件"单选按钮；"零件配置分组（G）"选中"将同一零件的配置显示为单独项目"单选按钮；选中"显示为一个项目号"复选框，单击☑按钮，插入表格如图 8-41 所示。

图 8-40　"材料明细表"属性面板

项目号	零件号	说明	数量
1	Case, Battery		1
2	Battery	Type 'AA', not supplied	2
3	Cover, Battery		1
4	Cap, Swivel		1
5	Switch, Power		1

图 8-41　装配体的材料明细表

步骤6：标注零件序号

单击"▧自动标注零件序号"按钮或单击菜单"插入（I）"/"注解（A）"/"▧自动零件序号（N）…"命令，选择爆炸等轴测视图，在"自动零件序号"属性面板中，"阵列类型："选择"▧布置零件序号到上"，如图 8-42（a）所示，单击☑按钮，结果如图 8-42（b）所示。

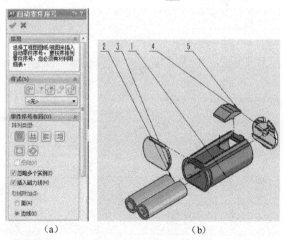

（a）　　　　　　　　　　　（b）

图 8-42　自动零件序号

步骤7：保存并关闭文件

单击"保存"按钮，保存文件并关闭。

技能训练八

1. 使用手柄零件建立如图 8-43 所示的工程图。

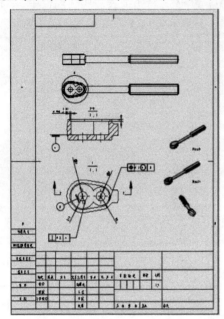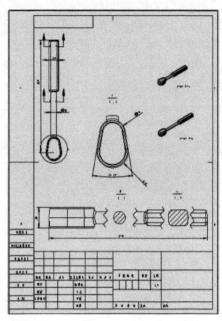

图 8-43　零件工程图练习

2. 使用 pivoting conv frame 建立如图 8-44 所示的装配体工程图。

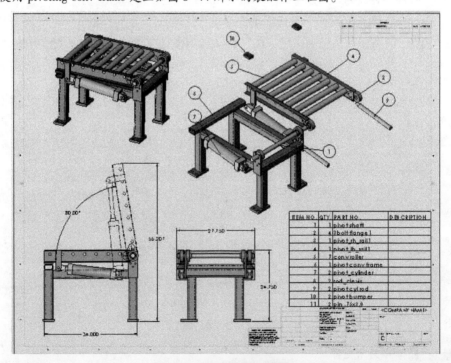

图 8-44　装配体工程图练习

用户在新建零件、装配体和工程图时，都需要使用相应的模板（＊.prtdot、＊.asmdot、＊.drwdot），在模板中，可以记录不同的文件属性和自定义属性信息。

学习目标

1. 掌握各种标准模板。
2. 理解文件属性的设定。
3. 了解模板的概念。

第一节　零件与装配体模板

通常新建模板都是通过对默认模板进行修改来创建一个新模板的。因零件与装配体的模板类似，此处以零件模板为例进行说明。

一、模板的设置

（1）单击"新建"按钮，使用默认模板新建一个零件。

（2）单击"工具"按钮或单击菜单"工具(T)"/"选项(P)"/"文档属性(D)"命令，弹出"文档属性"对话框，如图9-1所示。

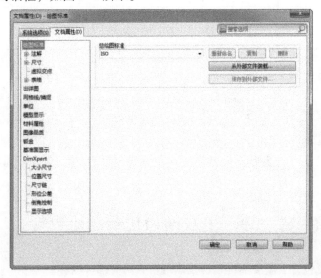

图9-1　"文档属性"对话框

（3）按照以下信息对选项进行设置：

总绘图标准：GB。

单位：MMGS（毫米、克、秒）。

（4）在设计树上可以查看整个零件的相关信息，模板中也能设置此部分的显示信息。

右击设计树空白部分，在弹出的快捷菜单中选择"隐藏/显示树项目"命令。

设置"实体""方程式"为"显示"。状态说明：

① 显示：永久显示在设计树上。

② 隐藏：永久不显示在设计树上。

③ 自动：当零部件中含有相关对象时，才显示在设计树上。例如，"曲面实体"设置为"自动"时，当在零件中使用了"拉伸曲面"命令后，建立了一个新的曲面实体，此时"曲面实体"文件夹就会出现在设计树上。

（5）设计树上3个基准面的名称显示不受选项的控制，可以像特征和草图一样进行重命名。

二、自定义属性

在出图时，会有很多零件信息需要填写，例如作者、零件号、材料等信息。这些信息在PDM系统中也是非常重要的一部分。通过"自定义属性"可以将这些信息进行记录，以便在出详图及文档管理系统中进行调用。

（1）单击菜单"文件(F)"/"属性(I)"/"自定义"命令，添加新属性，如表9-1所示。

表9-1　文件属性

属 性 名 称	类 型	数值/文字表达
说明		
质量	下拉菜单中选择"质量"	0.00
材料	下拉菜单中选择"材质"	材质＜未指定＞
作者	＜姓名＞	
零件号	＜零件号＞	

（2）单击"确定"按钮。

（3）保存模板，单击菜单"文件(F)"/"另存为(A)"命令，文件类型选择Part Templates。

模板命名为mm_Part，单击"保存"按钮。

注意：默认情况下，当选择模板类型后，保存路径会自动切换到系统设置中的默认模板路径。

第二节　工程图模板与图纸格式

工程图模板主要包含了制图标准属性及图纸格式两大部分内容。

工程图模板和图纸格式有着密切的联系，也存在一些不同。SolidWorks提供给用户一个单一的工程图模板和一系列的标准图纸格式。当用户使用默认的 SolidWorks 模板时，系统会提示用户选择图纸的格式。这样用户就可以确定图纸的大小、形成图纸的边框和标题栏、建立默认的图纸比例、确定视图的投影类型（第一视角、第三视角），并设置视图名称和基准符号的下一个字母，如图 9-2 所示。

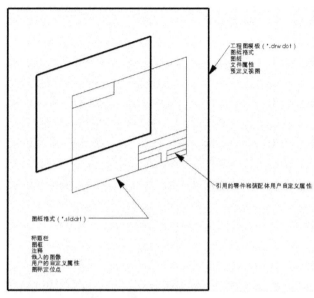

图 9-2　工程图模板和图纸格式

一、工程图属性设置

（1）新建工程图图层：打开图层工具栏，进入"图层"属性，新建相关图层，如图 9-3 所示。

图 9-3　"图层"属性

（2）设置文档属性：单击"工具"按钮或单击菜单"工具(T)"／"选项(P)"／"文档属性(D)"命令，各参数设置如图 9-4 所示。

① 总绘图标准：GB。

② 设置注解、尺寸及表格中每个内容的图层以及相应的标号字体。

③ 设置视图标号与每个内容的图层。

④ 出详图：选择"中心符号－孔－零件""暗销符号－零件"选项。

⑤ 单位：MMGS（毫米、克、秒）。

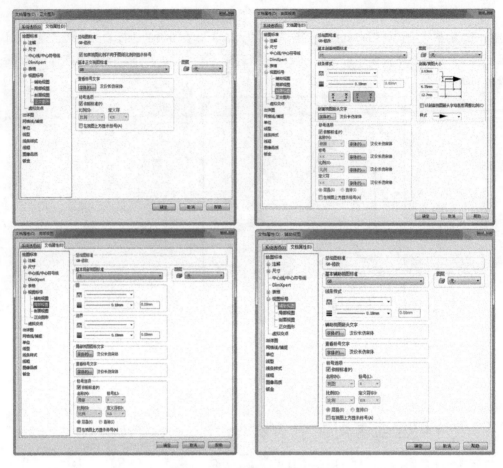

图 9-4　文档属性各参数设置

（3）删除现有的图纸格式内容：在图纸空白处右击，在弹出的快捷菜单中选择"删除"命令，如图 9-5 所示。

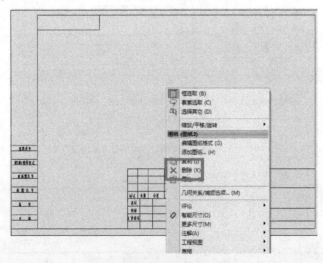

图 9-5　删除现有的图纸格式内容

（4）编辑图纸属性：右击工程图空白区域，在弹出的快捷菜单中选择"图纸属性"命令。

① 调整工程图的默认图纸比例、视图标号及基准标号和投影类型。

② 这里需要注意"图纸格式/大小"选择的是"自定义图纸大小"，而非标准图纸大小。

通常情况下，工程图模板就完成了。单击菜单"文件（F）"/"保存（S）"命令保存为工程图模板，如图9-6所示。

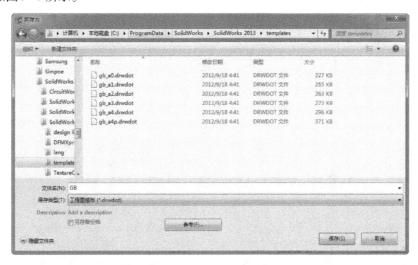

图9-6　保存工程图模板

但是，这个情况下的工程图模板是不带有图纸格式的。当使用这个模板新建工程图的时候，每次都会提示选择相应的图纸格式，如图9-7所示。

图9-7　图纸格式/大小

二、图纸格式

（1）在已保存的工程图模板上右击，在弹出的快捷菜单中选择"编辑图纸格式"命令。

（2）根据图9-8和图9-9所示，绘制图纸的基本图框及标题栏。

（3）由于标准的需要，图纸上的内容都有相应的尺寸要求，而在实际出图时，并不需要这些图框的大小尺寸。此时，从视图工具栏中单击"隐藏/显示注解"工具，依次选择所有尺寸后，按【Esc】键退出。

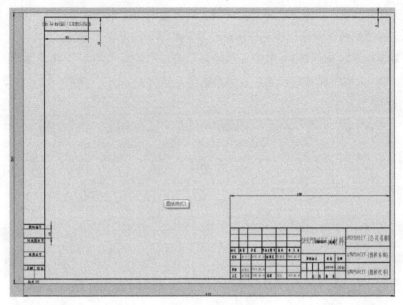

图 9-8　图框

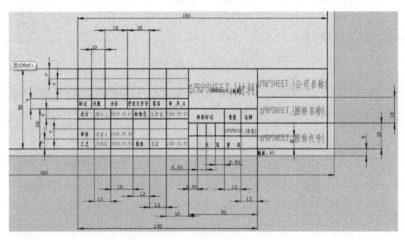

图 9-9　绘制及编辑标题栏

（4）使用 Ⓐ 注释命令，在标题栏区域填写相关信息，如图 9-10 所示。在需要填写属性信息的位置，使用 Ⓐ 注释命令，单击属性栏中的" 🔲链接到属性"按钮，如图 9-11 所示。

标记	处数	分区	更改文件号	签名	年 月 日				$PRPSHEET.{材料}	$PRPSHEET.{公司名称}
设计	$PRPSHEET.{作者}		标准化			阶段标记	重量	比例		$PRPSHEET.{图样名称}
							$PRPSHEET.{重量}			
审核										$PRPSHEET.{图样代号}
工艺			批准			共 张 第 张				
									幅面: A3	

图 9-10　标题栏

若所填属性为图纸中的自定义属性，例如图纸幅面、图纸比例等属性，选中"当前文件"单选按钮，并从下拉列表框中选择相应的属性，如图9-12所示。

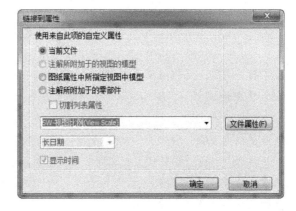

图9-11 "注释"属性面板　　　　　　　图9-12 当前文件属性

若所填属性为将来零件中属性，例如设计、材料、重量等属性，则选中"图纸属性中所指定视图中模型"单选按钮，从下拉列表框中选择相应的属性或直接输入自定义属性名称，如图9-13所示。

（5）图纸中的表格需要固定在标准位置，展开设计树上的图纸格式，如图9-14所示。

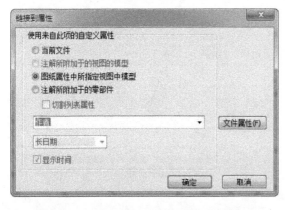

图9-13 图纸属性中所指定视图中模型　　　　　图9-14 表格定位点

（6）右击"材料明细表定位点1"，在弹出的快捷菜单中选择"设定定位点"命令，选择标题栏右上角点。其他表格定位点可参考以下设置：

① 总表定位点：图框右上角。

② 材料名表定位点：标题栏右上角。

③ 孔表定位点：图框右上角。

④ 焊件切割清单定位点：标题栏右上角。

⑤ 修订表格定位点：图框右上角。

（7）确认所有图纸格式内容添加修改完整，右击图纸空白处，在弹出的快捷菜单中选择

"编辑图纸"命令，退出图纸格式编辑模式。

（8）保存图纸格式：单击菜单"文件"/"保存图纸格式"命令。

同时，对于当前图纸，也可以另存为工程图模板。若使用该模板新建工程图，则会含有图纸格式信息。

技能训练九

按下列要求完成工程图模板设置。

（1）使用模板"GBA4Exercise"文件建立一个工程图，包括相关图纸格式（见图9-15）。

（2）设置文件属性：

总绘图标准=GB。

注释字体：仿宋；字体样式：常规；高度：点，五号。

单零件序号样式=下画线。

成组的零件序号样式=下画线。

自动零件布局=方。

尺寸：直径文本位置=水平文字。

半径文本位置=水平文字。

（3）保存工程图模板：

在默认文件夹下保存成"＊.drwdot"，并命名为"GBA4"，关闭当前文件。

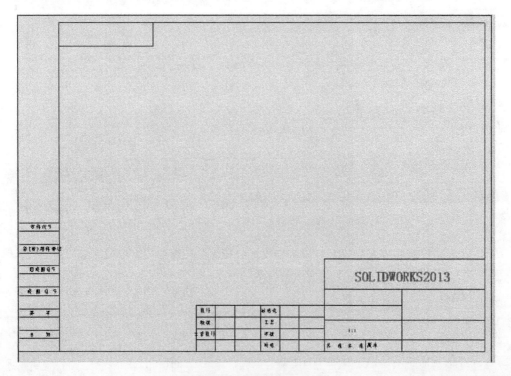

图9-15 工程图模板练习

第十章 钣金和焊接件

钣金零件是一种比较特殊的实体模型，是带有折弯角的薄壁零件。整个模型的所有壁厚都相同，折弯程度可以通过制定折弯半径来控制。在需要的时候，软件会自己添加释放槽。

创建钣金零件的方法有法兰方法、转换方法以及其他方法，如通过添加绘制的折弯、放样折弯生成形状等。所用方法生成的零件或实体都可以展平并显示在工程图中。图 10-1 是一种较为典型的钣金零件。

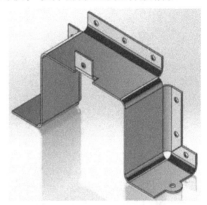

图 10-1　较为典型的钣金零件

学习目标

1. 掌握利用法兰特征创建钣金零件的方法。
2. 学会展开钣金零件观察平板型式的方法。
3. 能将普通零件转换为钣金零件。
4. 能创建焊件，处理构件剪裁。
5. 了解不同的钣金创建方法。

第一节　基本钣金法兰制作

创建钣金零件的基本方法有以下几种：

1. 法兰方法

使用"法兰"工具，使用基体、边线和斜接来生成钣金零件的形状。这种方法与 SolidWorks 基本建模方式非常像，本节将详细介绍这种方法。

2. 转换方法

将按照普通拉伸特征方式生成的零件转换成钣金零件。将输入特征零件（中间格式文件或其他设计软件格式的三维模型）转换成钣金零件是这种方法的典型应用。本章第二节中将介绍这种方法。

3. 其他方法

通过添加绘制的折弯、放样折弯等特征命令创建钣金零件。

一、常用法兰工具

表 10-1 所示是制作法兰零件的常用工具及其基本功能简介。

表 10-1　常用法兰工具及其基本功能

常用工具	基本功能	例　图
基体法兰/薄片	用来为钣金零件创建基体特征，它与"拉伸"特征类似，但它可以用指定的折弯半径来自动添加折弯。 可以使用开环轮廓草图创建	
	也可以通过封闭轮廓草图创建	
	为现有的钣金零件添加相同厚度的薄片	
边线法兰	将法兰添加到钣金零件的所选边上	
斜接法兰	可以在边线上添加具有一定角度连接的模型	

二、创建钣金零件

通过表10-1，初步了解钣金零件的制作方法。

【实例10-1】制作一个如图10-2所示的电源盖部分特征，并结合成形工具和切除特征完成整个模型。

成形工具命令将在本章第二节中进行介绍。

操作步骤

步骤1：设置零件单位

新建一个以"MMGS"为单位系统的零件。

步骤2：绘制草图

在"前视基准面"上绘制如图10-3所示的草图。

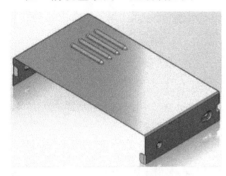

图10-2　电源盖　　　　　　　　　　　图10-3　电源盖草图轮廓

步骤3："基体法兰"命令操作

单击工具栏中的"基体法兰/薄片"按钮或单击菜单"插入(I)"/"钣金(H)"/"基体法兰(A)…"命令，对图10-4所示的基体法兰属性面进行设置。

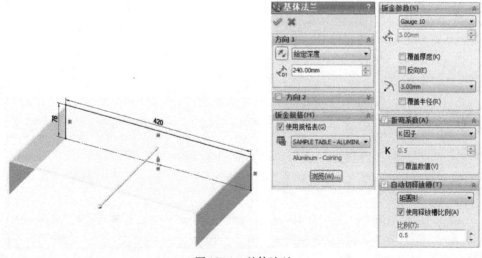

图10-4　基体法兰

（1）"方向1"的终止条件设置为"给定深度"。

（2）在"深度"文本框中输入"240"。

（3）选中"钣金规格（M）"下的"使用规格表"复选框。

（4）选取规格表"SAMPLE TABLE – ALUMINUM – METRIC UNITS"（该表格为 SolidWorks 软件自带的 Excel 表）。

（5）"钣金参数（S）"设置为 Gauge 10。

（6）在"⟋折弯半径"下拉列表框中选择"3.00mm"。

（7）在"自动切释放槽（T）"下面的下拉列表框中选择"矩圆形"。

注意：检查材料厚度是否加在草图外部，如果不是，可以利用"反向（E）"复选框来改变方向，单击☑按钮。

特征选项中的名词解释：

（1）"钣金规格表"中主要包含了"钣金参数"中的厚度和折弯半径，以及"折弯系数"。

（2）"折弯系数"选项：

①"折弯系数表"是关于材料具体参数的表格，其中包含利用材料厚度和折弯半径进行的一系列折弯计算。

②"K 因子"是折弯计算中的一个常数，它是内表面到中性面的距离与钣金厚度的比值。

③"折弯系数"和"折弯扣除"这两个参数根据使用者的经验和生产的实际情况来设定。

④"折弯计算"通过表格定义角度范围以及在不同范围中所使用的相关方程式。

（3）"自动切释放槽"选项：

①矩形：在需要折弯释放槽的边上创建一个矩形切除，如图 10-5（a）所示。

②撕裂形：在需要折弯释放槽的边和面上创建一个撕裂口，如图 10-5（b）所示。

③矩圆形：在需要折弯释放槽的边上创建一个矩圆形的切除，如图 10-5（c）所示。

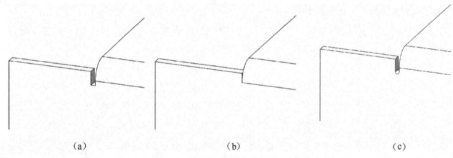

（a）　　　　　　　　　　（b）　　　　　　　　　　（c）

图 10-5　释放槽

步骤 4："斜接法兰"命令操作

创建一个垂直于模型外边线的平面草图，如图 10-6 所示。

选择模型的外边线（折弯短边，绿色线条），单击"▣草图绘制"按钮，此时会自动在最近的一个端点创建一个与之垂直的草图，且在确认退出草图绘制之后，将创建一个该草图的参考基准面。

（1）从直线的顶点开始绘制一条 16 mm 长的水平线，该直线就是斜接法兰的轮廓。

注意："斜接法兰"的草图轮廓必须是"开环"的。

（2）单击"▷斜接法兰"按钮或单击菜单"插入（I）"/"钣金（H）"/"▷斜接法兰（M）…"命令，在绘图区域的预览图上，单击"↳延伸"按钮，将零件中的相切边线自动选中，如图 10-7 所示。

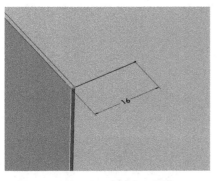

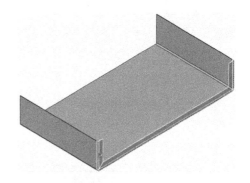

图 10-6　斜接法兰轮廓草图　　　　　　　图 10-7　斜接延伸

（3）沿用基体法兰中的"规格表"，在图 10-8 所示的"斜接法兰"属性面板中，"法兰位置（L）："选择"⬜法兰在内"，在"缝隙距离（N）："下的"✂切口缝隙"文本框中输入"0.25"，单击✅按钮。

步骤 5："边线法兰"命令操作

选中一条竖直的边线，单击"⬛边线法兰"按钮。向钣金内侧拖动箭头，设置法兰拉伸方向。

（1）按图 10-9 所示设置"边线 - 法兰"属性面板中的法兰参数，因为在法兰轮廓中设定了尺寸，所以在"法兰长度"中设定为"给定深度"且无须设置。

（2）单击属性面板中"编辑法兰轮廓"按钮，按图 10-10 所示尺寸修改现有的法兰轮廓，然后单击"轮廓草图"信息框中的"完成"按钮。

图 10-8　"斜接法兰"属性面板　　图 10-9　"边线 - 法兰"属性面板　　图 10-10　法兰轮廓草图

步骤6：生成薄片

"🔲基体法兰/薄片"工具不仅可以生成"基体法兰"特征，同时还可以生成一个拉伸方向和厚度都确定的"薄片"，如图10-11所示。

（1）选择"斜接法兰"外侧面，创建草图。

（2）如图10-12所示，绘制一个直径为16 mm的圆。

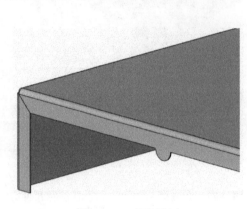
图10-11　薄片特征

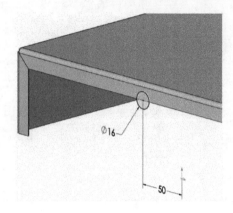
图10-12　草图轮廓

（3）单击"🔲基体法兰/薄片"按钮，创建"薄片"特征。

步骤7：平板型式

"平板型式"可以通过单击设计树中的 ⊞🔲 平板型式 ，切换该特征的压缩和解压缩的状态，来查看钣金件的展开状态。切换展开和折弯状态有如下两种方式：

（1）通过切换特征树中 ⊞🔲 平板型式 的压缩状态来切换。

（2）通过单击钣金工具栏中的"🔲展开"按钮来切换。

第二节　钣金成形工具的应用及创建

成形工具可以用来处理一些钣金的形状。在SolidWorks的设计库中提供了许多成形工具实例，在本节中将对如何使用成形工具及如何修改、创建成形工具进行介绍。

一、设计库中的成形工具

（1）SolidWorks设计库中提供了一套成形工具，包括压凸（embosses）、冲孔（extruded flanges）、百叶窗（louvers）、切口（lances）、筋（ribs），如图10-13所示。

（2）SolidWorks设计库中提供的文件是用来代表成形工具的零件文件（＊.Sldftp）。它们必须放置在一个被标记为成形工具的文件夹中以起到成形工具的作用。

另一种成形工具是一种专门的成形工具文件。该文件类型是专门针对成形工具，通过添加到成形工具特征，并且作为成形工具文件（＊.sldftp）保存文件。

（3）若需使用设计库中的成形工具，必须进行如下设置：

① 右击成形工具文件夹。

② 在弹出的快捷菜单中选择"成形工具文件夹"命令，如图 10-14 所示。

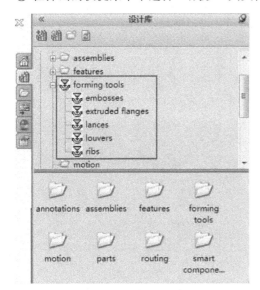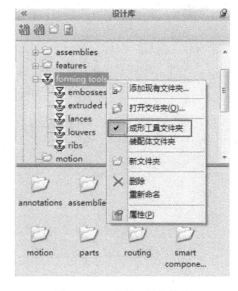

图 10-13　成形工具设计库　　　　　　图 10-14　成形工具文件夹

二、使用成形工具

每个成形工具都是一个零件，用于在钣金零件中创建成形特征。它们的使用方法和其他库特征的使用方法相似：拖动成形工具到钣金零件的面上即可建立成形特征。

通常情况下，使用设计库添加成形工具分为以下 6 步：

（1）将成形工具从设计库拖放到模型中想改变形状的面上。

（2）根据需要使用【Tab】键来改变成形的方向。

（3）松开鼠标放置成形工具。

（4）如果成形工具包含配置，可能需要从成形工具特征的属性栏中选择一个配置。其他选项也是有效的。

（5）使用"位置"页面的草图点，可以实现复制操作。

（6）完成放置后，可以对草图进行修改，进行进一步的定制。

继续使用第一节创建的零件作为基体零件，在其基础上使用成形工具。

操作步骤：

步骤 1：打开文件

在设计库中打开 forming tools 文件夹，然后单击 embosses 文件夹，如图 10-15 所示。

步骤 2：拖放特征

拖动 counter sink emboss 到模型面，如图 10-16 所示。检查特征的方向，若需调整方向，可以按【Tab】键进行切换。

步骤 3：成形工具设置

成形工具属性栏包含以下几个选项：一个可以选择的放置表面、旋转及反转工具、可选配置，根据图 10-17 所示进行设置。

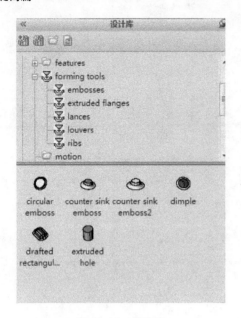

图 10-15　设计库

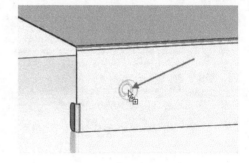

图 10-16　拖放特征

"链接到成形工具"复选框是允许将特征链接到设计库中的初始成形工具，因此只要成形工具发生了改变，零件也会随之更新。

"替换工具"可以根据现有的草图定位，使用其他的成形工具替换。

步骤 4：定位草图

单击"位置"标签，切换到"位置"选项卡，激活草图模式。根据图 10-18 所示定位草图。

图 10-17　成形工具特征

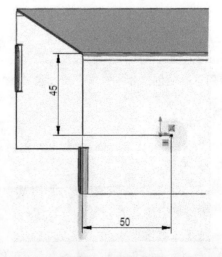

图 10-18　定位草图

三、创建自定义成形工具

现有的成形工具可以被修改，也可以创建新的成形工具。成形工具有如下 3 种类型：

（1）成形工具文件（. sldftp）。

（2）不带成形工具特征的零件文件（. sldprt）。

（3）带成形工具特征的零件文件（. sldprt）。

通常情况下，优先选择第三种类型来创建成形工具。接下来通过一个实例来创建一个自定义的成形工具。

操作步骤：

步骤 1：创建零件

以 mm 为单位根据图 10-19 所示创建零件。

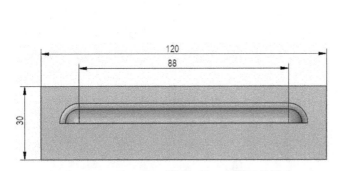

图 10-19　成形工具尺寸

步骤 2：创建"成形工具"

单击" 成形工具"按钮或单击菜单"插入（I）"／"钣金（H）"／" 成形工具"命令，使用图 10-20 所示的选择面。

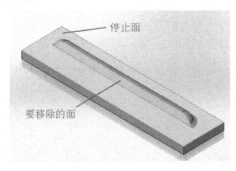

图 10-20　创建成形工具

步骤 3：添加插入点

切换到"插入点"，如图 10-21 所示添加插入点。

步骤 4：保存文件

另存为一个零件或者成形工具的文件类型。若希望将它保存为一个零件文件，则需要将目标文件夹添加到设计库中，并标记为成形工具文件夹。

将保存好的成形工具从设计库中拖放到钣金零件表面并定位，如图 10-22 所示。

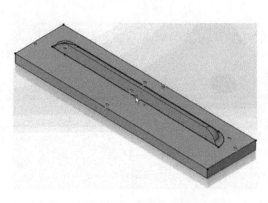

图 10-21　添加插入点

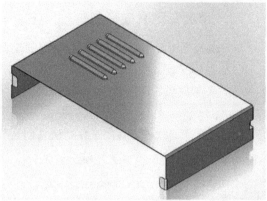

图 10-22　完成图

第三节　实体零件转换到钣金

从实体零件转换到钣金的方法是将通过基本方式创建的零件转换成可展开的钣金零件。也就是说，可以把按照常规的建模方法建立的零件转换成钣金零件，然后将该零件展开，以便能够应用钣金零件的特定特征。

一、处理方法

某些钣金零件通过传统特征建模会比直接使用钣金特征建模更为方便快捷，但是这种常规零件无法进行展开，需要将其转换为可以展开的钣金零件。

同时，对于中间格式（如 STEP、IGES、X_T 等）的钣金零件，SolidWorks 在读取时会将其转换成实体零件模型，此时也需要将其转换为钣金零件才可以进行展开。可以通过以下方法将常规实体零件转换为可展开的钣金零件：

（1）切口：沿着所选定的边角断开实体，以便添加折弯特征。

（2）识别折弯：将现有零件转换为钣金零件，并识别出相关的折弯特征。

（3）转换到钣金：结合抽壳、切口和识别折弯的命令，在大部分情况下可以很好地将零件转换到钣金零件。

二、转换到钣金

【实例 10-2】 将图 10-23（a）所示的实体转化成图 10-23（b）所示的钣金零件。

（a）

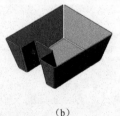

（b）

图 10-23　实体转换到钣金

操作步骤

步骤1：实体转换到钣金

单击"📱转换到钣金"按钮或单击菜单"插入（I）"／"钣金（H）"／"📱转换到钣金（T）…"命令。

步骤2：设置钣金参数

在图10-24所示"转换实体"属性面板中，对"钣金参数（P）"进行如下设置：

（1）"📰选取固定实体"：选择实体零件的底面，选中"覆盖默认参数"复选框。

（2）在"🔧钣金厚度"文本框中输入"1"。

（3）在"🔨折弯的默认半径"文本框中输入"4"。

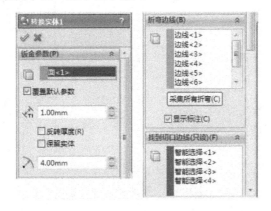

图10-24　"转换实体"属性面板

步骤3：选择折弯边线

如图10-25所示选择折弯边线（粉色边线），紫色边线为软件根据所选的折弯边线自动生成的切口边线。

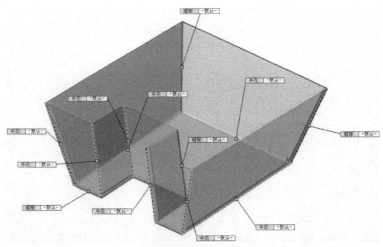

图10-25　设置钣金参数

步骤4：边角默认值

调整由切口所产生的缝隙和边角类型，如图10-26所示。

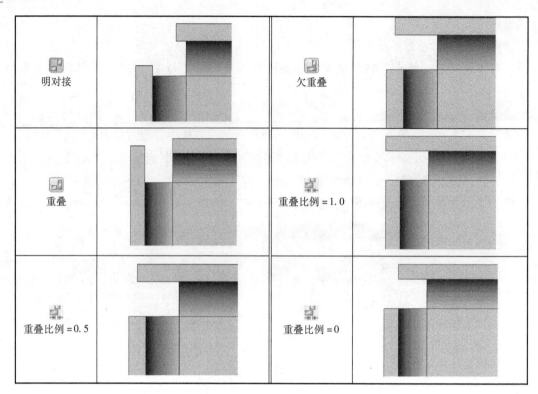

图 10-26　缝隙和边角类型

三、切口特征

切口 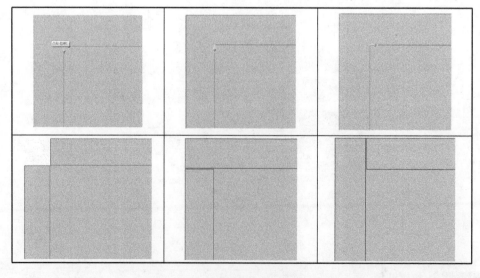 工具可以将一个盒装的实体切开形成缝隙（类似"转到钣金"中的缝隙），将实体零件转换为钣金。

切口可以创建 3 种类型的边角：同时切除两个方向的边线或者切除其中一个壁面。通过一个或两个箭头以及"改变方向"按钮来标明边线或要被剪裁的边线，如图 10-27 所示。

图 10-27　切口特征的边角类型数

其他方法：通过绘制的折弯，放样折弯生成形状。

第四节　焊接结构构件

焊接件由多个焊接在一起的零件组成，所以属于多实体零件。在材料明细表中将作为一个单独零件。

要使用焊件命令，需要激活 CommandManager 中"焊件"标签，如图 10-28 所示。图 10-29 是焊件工具栏。

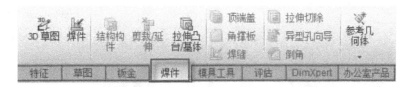

图 10-28　在 CommandManager 中的焊件标签

图 10-29　焊件工具栏

与焊接件相关的默认文件路径如下：

焊件轮廓：安装目录 \ Program Files \ SolidWorks Corp \ SolidWorks \ lang \ chinese – simplified \ weldment profiles。

焊件属性文件：\\ProgramData\SolidWorks\SolidWorks 2013 \lang\ < language > \weldments。

焊件切割清单模板：安装目录\lang\ < language > 。

一、焊接件轮廓

1. 默认轮廓

当表 10-2 所列的默认轮廓不能满足用户的需求时，也可以下载轮廓库或者自行建立轮廓库。

表 10-2　焊接件默认轮廓

标　准	类　型		
ISO	◆ 角铁； ◆ 矩形管筒； ◆ 角铁； ◆ 矩形管；	◆ C 槽； ◆ S 截面； ◆ C 槽； ◆ SB 横梁；	◆ 管道； ◆ 方形管筒； ◆ 圆管； ◆ 方形管

2. SolidWorks 内容

可以从任务窗格中的"设计库"中找到"SolidWorks 内容"，从中下载一套完整的标准结构件轮廓草图库，如图 10-30 所示。

注意：

（1）按住【Ctrl】键并单击相应的标准，即可下载某个标准的结构件轮廓草图库。

（2）所下载的轮廓草图需要存放在对应的文件夹路径下。

下载 ISO 标准，并重命名为 ISO – Training，然后存放到焊件轮廓目录中。

二、建立结构构件

【实例 10–3】按图 10–31 所示建立结构构件。

图 10–30　SolidWorks 内容

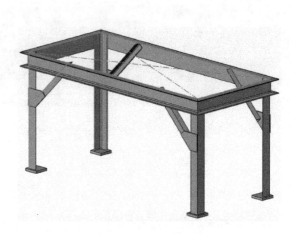

图 10–31　支架焊接

操作步骤

步骤 1：绘制空间草图

单击 "3D 草图" 按钮绘制空间草图，如图 10–32 所示。其中，矩形长边在 "线条" 属性面板中 "添加几何关系" 为 "沿 X"；短边 "添加几何关系" 为 "沿 Z"；矩形中点与坐标原点添加 "沿 Y" 几何关系，再次单击 "3D 草图" 按钮，退出草图绘制。该草图作为焊接件的布局轮廓。

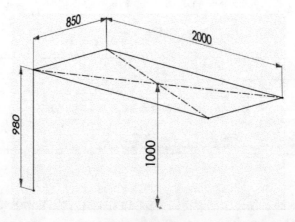

图 10–32　3D 草图

步骤2：制作结构构件

单击"圆结构构件"按钮或单击菜单"插入（I）"／"焊件（W）"／"圆结构构件（S）…"命令，在图10-33（a）所示的"结构构件"属性面板中，"标准："选用"ISO–Training"；"类型："选择"c槽"；"大小："选择CH 120×12，取消选中"应用边角处理"复选框，单击矩形4条边线，观察模型，设置旋转的角度，使之与图10-33（b）所示一致，或选中"镜像轮廓（M）"复选框，单击其下的"水平轴（H）"和"竖直轴（V）"，再次观察模型，单击"找出轮廓（L）"，再单击焊接轮廓草图的右上角的点，使之所建模型与图10-33（b）所示一致，单击☑按钮。

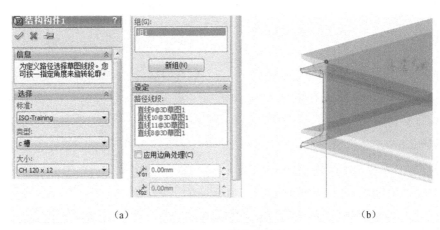

（a）　　　　　　　　　　　　　　　（b）

图10-33　C槽结构构件

步骤3：制作竖直支架

添加80×80×6规格的L Angel（equal）轮廓到竖直边线。同步骤2，通过调整角度或使用"镜像轮廓"及"找出轮廓"工具调整焊件的位置，如图10-34所示。

步骤4：绘制加强板草图

如图10-35所示，在竖直支架的外表面建立草图并拉伸，拉伸深度为6 mm，该结构为加强板。

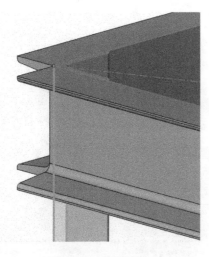

图10-34　竖直支架

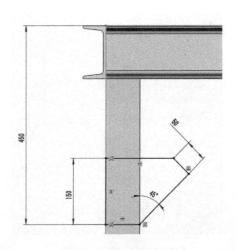

图10-35　加强板草图

步骤 5：制作角铁结构构件

如图 10-36 (a) 所示，在加强板的背面建立草图。并使用 ISO – Training 标准中 50×50×4 规格的 L Angel (equal) 轮廓建立新的结构构件，结果如图 10-36 (b) 所示。

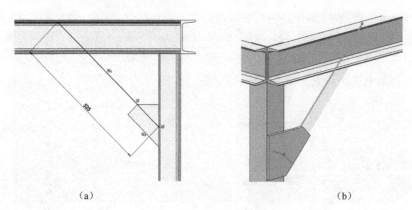

（a） （b）

图 10-36　角铁结构构件

步骤 6：制作脚垫

在竖直结构件的底面上创建草图，如图 10-37 所示，通过拉伸特征向上拉伸 10 mm。

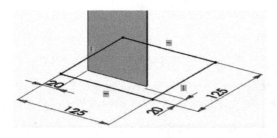

图 10-37　脚垫草图

步骤 7：镜向实体

通过镜向实体工具，作出另外 3 根竖直结构件及相关杆件，如图 10-38 所示。

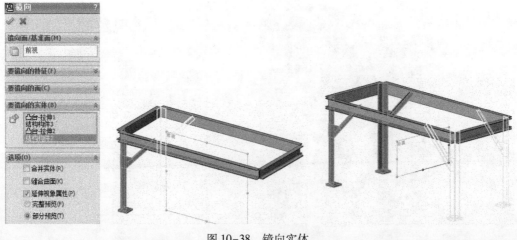

图 10-38　镜向实体

三、角撑板和顶端盖

在 SolidWorks 的焊件设计中，带有专有工具可以简化和加快角撑板和顶端盖这两个常用特征的建立。

操作步骤

步骤1：生成角撑板

按图 10-39 所示生成角撑板和顶端盖。角撑板只能在两个夹角在 0°～180°范围内的两个相互接触的平面之间生成。

（1）打开"素材源文件"/"SolidWorks 软件应用"/"第十章"/"角撑板及顶端盖"零件。

（2）单击"▢角撑板"按钮或单击菜单"插入(I)"/"焊件(W)"/"▨角撑板(G)…"命令，选取左上角的两个杆件的面，如图 10-40 所示。

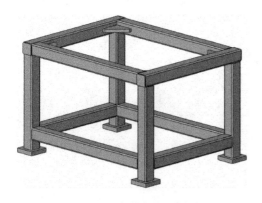

图 10-39　角撑板和顶端盖

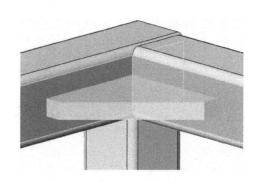

图 10-40　插入角撑板

（3）在角撑板中可以选择"多边形轮廓"和"三角形轮廓"两种轮廓，此处选择"多边形轮廓"，并设置相应的尺寸参数，如图 10-41 所示。

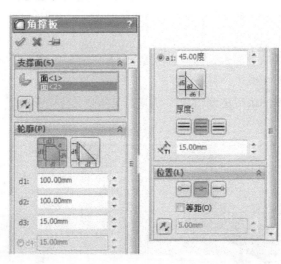

图 10-41　角撑板参数设置

角撑板的拉伸方向通过"厚度"选项设置 3 种不同的厚度方向。此处选择"两边"（见图 10-41）。

厚度的方向是相对于定位点的位置来确定的，定位点为所选择的两个平面的交线上的点。通过"位置"栏可以调整定位点在这条交线上的位置。此处选择"中点"，如图 10-41 所示。

注意：不论选择哪种位置，都可以自定义地指定一个等距距离。

步骤 2：加顶端盖

顶端盖：防止方形、矩形管中进入灰尘、碎屑及其他污物的顶部端口金属盖。

单击" 顶端盖"按钮或单击菜单"插入（I）"／"焊件（W）"／" 顶端盖（E）…"命令，将上层杆件的端面选中，可以根据实际需求设定厚度方向是否嵌入当前的杆件（切除当前杆件的长度）。详细参数如图 10-42 所示。

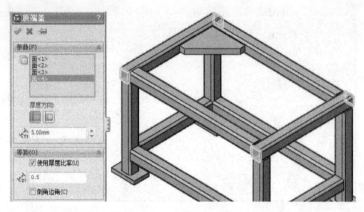

图 10-42 顶端盖参数设置

四、焊缝的添加

在 SolidWorks 中有以下两种焊缝的特征：

（1）焊缝：可以在焊接件、装配体和多实体中添加焊缝。因为采用简化的显示方法，它们在模型中以图形进行显示，而不会创建真实的几何体。同时因采用轻化模式，并不会影响性能，在大型的结构件焊接中推荐使用。

（2）圆角焊缝：作为实体显示，会包括在质量特性计算等操作中。在进行干涉检查和分析操作时，通常需要用到圆角焊缝。因大部分用户不希望圆角焊缝列在工程图的切割清单表格中，故圆角焊缝不会纳入切割清单项目中。表 10-3 所示为圆角焊缝示例。

表 10-3 圆角焊缝示例

设 置	图 例	设 置	图 例
箭头边：全长 另一边：无		箭头边：间歇 另一边：间歇	

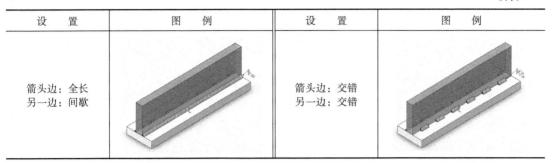

设　置	图　例	设　置	图　例
箭头边：全长 另一边：间歇		箭头边：交错 另一边：交错	

五、切割清单

在焊接件设计完成后，可以通过 SolidWorks 自动生成切割清单。自动识别出相同的实体（相同轮廓、相同长度及相同变焦处理方式等）并将它们进行分组归类到切割清单项目中。

1. 生成切割清单

（1）在设计树中右击切割清单特征，在弹出的快捷菜单中选择"更新"命令，软件会自动生成切割清单项目，如图 10-43 所示。

（2）可以对自动生成的切割清单项目根据实际生产的需求进行重新命名。在这里只将结构构件作为切割清单项目进行分类，其他特征仍作为独立实体存在。

2. 切割清单属性

（1）在设计树中右击任一切割清单中的项目，在弹出的快捷菜单中选择"属性"命令，弹出"切割清单属性"设置页面，如图 10-44 所示。

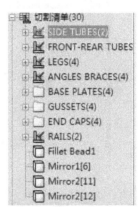

图 10-43　生成切割清单

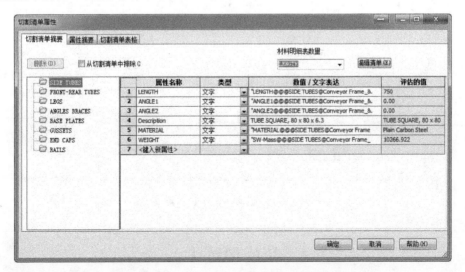

图 10-44　切割清单属性－切割清单摘要

（2）在"切割清单摘要"选项卡中，可以查看各个切割项目的相关属性，也可以在默认属性的基础上添加所需要的自定义属性值，如图10-44所示。

（3）在"属性摘要"选项卡中，可以根据所涉及的所有属性名称进行分类查看各个切割项目在当前属性中的数值，如图10-45所示。

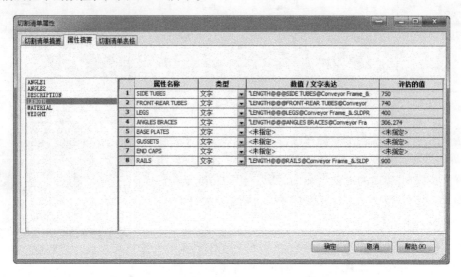

图10-45　切割清单属性－属性摘要

（4）在"切割清单表格"选项卡中，用户可以根据实际需要设置切割清单模板，如图10-46所示。

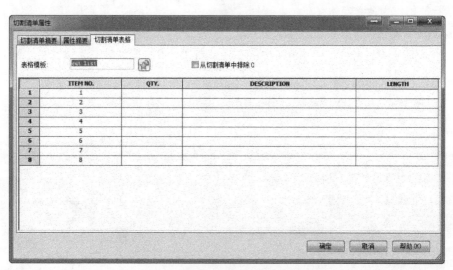

图10-46　切割清单属性－切割清单表格

技能训练十

1. 用钣金法兰和折弯工具完成图10-47所示钣金模型一。

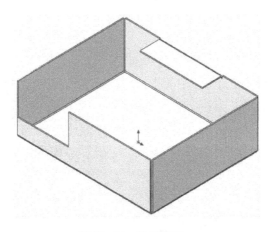

图 10-47 钣金模型一

提示: 使用 PART－MM 模板建立新零件。

(1) 要求用基体法兰创建如图 10-48 所示的几何体。

钣金厚度 = 1.5 mm; 弯折钣金 = 1 mm; 释放槽: 矩形长×宽 = 1×1。

(2) 创建边线法兰, 高度为 70 mm, 如图 10-49 所示。

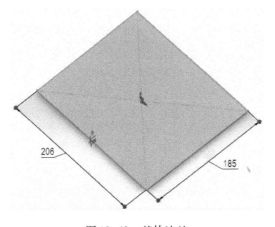

图 10-48 基体法兰

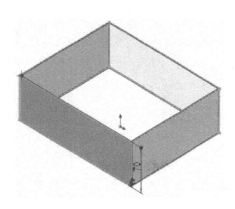

图 10-49 边线法兰

(3) 创建切除特征, 尺寸如图 10-50 所示, 切除厚度与钣金厚度相同, 如图 10-51 所示。

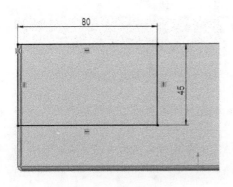

图 10-50 切除特征尺寸

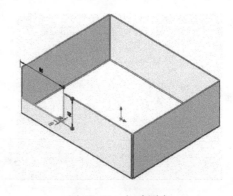

图 10-51 切除厚度

（4）创建边线法兰，法兰尺寸如图 10-52 所示，效果如图 10-53 所示。

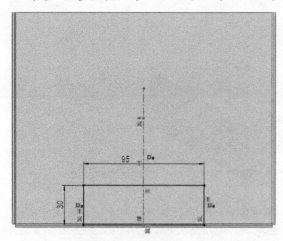

图 10-52　边线法兰尺寸

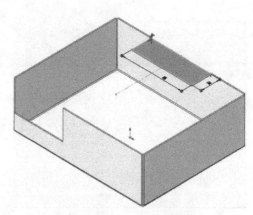

图 10-53　边线法兰效果

2. 用斜接法兰工具完成图 10-54 所示钣金模型二。

提示：

（1）绘制基体法兰，尺寸如图 10-55 所示。

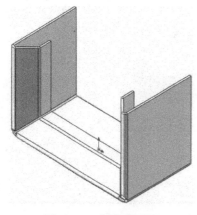

图 10-54　钣金模型二

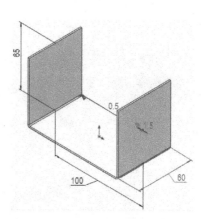

图 10-55　基体法兰

（2）绘制斜接法兰草图，尺寸如图 10-56 所示。

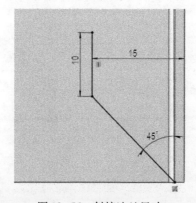

图 10-56　斜接法兰尺寸

（3）生成斜接法兰，效果如图 10-57 所示。

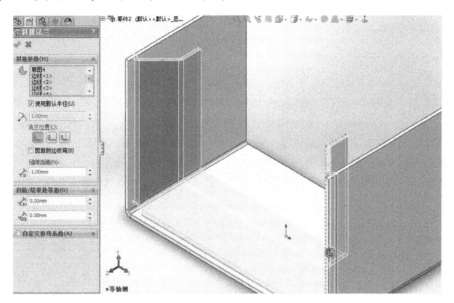

图 10-57　斜接法兰效果

参 考 文 献

［1］［美］DS SolidWorks 公司．SolidWorks 零件与装配体教程［M］．北京：机械工业出版社，2013.

［2］［美］DS SolidWorks 公司．SolidWorks 高级教程简编［M］．北京：机械工业出版社，2010.

［3］李启炎．SolidWorks 三维设计教程［M］．上海：同济大学出版社，2005.

［4］林翔．SolidWorks 2004 基础教程［M］．北京：清华大学出版社，2005.

［5］朱培勤．机械制图及计算机绘图项目化教程［M］．上海：上海交通大学出版社，2010.